国家兔产业技术体系岗位专家项目（CARS-43-B-3）资助

兔病鉴别诊断图谱
与安全用药

主 编 ｜ 任克良　曹　亮　李燕平

参 编 ｜ 詹海杰　党文庆　王国艳

唐耀平　黄淑芳

机 械 工 业 出 版 社

本书由山西农业大学任克良研究员与曹亮副研究员组织养兔团队根据多年兔研究成果、兔病防控实践和国内外兔病研究进展编写而成，是以临床表现为线索，根据症状、病理剖检变化认识兔病，通过综合分析和鉴别诊断来确诊疾病，采取安全用药措施，达到防控兔病的目的。书中附有临床症状、病理剖检变化等彩色图片450余张，可以让养兔者按图索骥，迅速确诊疾病。全书共分6章，分别为呼吸系统疾病的鉴别诊断与防治，消化系统疾病的鉴别诊断与防治，生殖泌尿系统疾病的鉴别诊断与防治，神经与运动系统疾病的鉴别诊断与防治，皮肤、耳、眼疾病的鉴别诊断与防治，中毒性疾病的鉴别诊断与防治。

本书图文并茂，通俗易懂，科学性、先进性和实用性兼顾，可供基层兽医、宠物兔医生、养殖场技术人员和养殖户使用，也可作为农业院校畜牧兽医专业师生的参考（培训）用书。

图书在版编目（CIP）数据

兔病鉴别诊断图谱与安全用药 / 任克良，曹亮，李燕平主编. —北京：机械工业出版社，2022.8
ISBN 978-7-111-71101-8

Ⅰ.①兔…　Ⅱ.①任…②曹…③李…　Ⅲ.①兔病－鉴别诊断－图谱②兔病－用药法　Ⅳ.①S858.291-64

中国版本图书馆CIP数据核字（2022）第113448号

机械工业出版社（北京市百万庄大街22号　邮政编码100037）
策划编辑：周晓伟　高　伟　责任编辑：周晓伟　高　伟
责任校对：潘　蕊　李　婷　责任印制：常天培
北京宝隆世纪印刷有限公司印刷
2022年8月第1版第1次印刷
184mm×260mm·11.75印张·2插页·240千字
标准书号：ISBN 978-7-111-71101-8
定价：128.00元

电话服务　　　　　　　　　网络服务
客服电话：010-88361066　机　工　官　网：www.cmpbook.com
　　　　　010-88379833　机　工　官　博：weibo.com/cmp1952
　　　　　010-68326294　金　书　网：www.golden-book.com
封底无防伪标均为盗版　机工教育服务网：www.cmpedu.com

前　言

我国是世界养兔大国，年出栏量和兔产品贸易量位居世界首位。随着兔业科技进步和商品生产的发展，我国兔养殖方式正在向规模化、集约化和标准化方向转变，向高产、优质、高效的目标发展，但是兔病的发生、流行严重威胁着兔产业的健康可持续发展。兔群一旦发生重大疾病，养殖户往往因不能及时确诊疾病而延误了最佳防治时机，造成重大的损失。为此，我们编写了本书，相信对广大养兔者会有所助益。

本书从编者积累的近万张图片中精选出 120 余种兔常见疾病的典型图片 450 余张，从养兔者如何通过症状和病理剖检变化认识兔病，如何综合分析、鉴别诊断兔病，如何针对兔病安全用药等方面组织编写，让养兔者按图索骥，一看就懂，一学就会。全书共分 6 章，分别为呼吸系统疾病的鉴别诊断与防治，消化系统疾病的鉴别诊断与防治，生殖泌尿系统疾病的鉴别诊断与防治，神经与运动系统疾病的鉴别诊断与防治，皮肤、耳、眼疾病的鉴别诊断与防治，中毒性疾病的鉴别诊断与防治。每种疾病包括病原（或病因）、流行（或发病）特点、临床症状、病理剖检变化、类症鉴别、预防和临床用药指南等内容。关注"农知富"公众号回复"71101"可以获取相关视频。其中第 1~5 章由任克良编写，第 6 章由李燕平、曹亮、詹海杰、党文庆、王国艳、唐耀平、黄淑芳编写。

本书中的许多内容是编者在实施国家、省级等科研项目过程中取得的成果，主要包括国家兔产业技术体系岗位科学家项目（CARS-43-B-3）、山西农业大学学术恢复科研专项项目（2020xshf13）等，本书还得到了国家兔产业技术体系（CARS-43-B-3）的出版资助。本书得到养兔研究室全体人员的大力支持；书中的大部分图片（未署名的）是编者在科研、临床诊断实践中积累的，有些是由国内外学者或教学、研究单位提供的，在此一并表示谢意！

需要特别说明的是，本书所用药物及其使用剂量仅供读者参考，不可照搬。在生产实际中，所用药物学名、常用名和实际商品名称有差异，药物浓度也有所不同，建议读者在使用每一种药物之前，参阅厂家提供的产品说明以确认药物用量、用药方法、用药时间及禁忌等。购买兽药时，执业兽医有责任根据经验和对患病动物的了解决定用药量及选择最佳治疗方案。

由于编者水平有限，书中不足之处在所难免，恳请广大读者批评指正，以便再版时改正。

编　者

目　录

前言

第一章　呼吸系统疾病的鉴别诊断与防治

第一节　呼吸系统疾病的发生因素及感染途径

一、疾病的发生因素

（1）**生物性因素**　包括病毒（如兔病毒性出血症病毒等）、细菌（如多杀性巴氏杆菌、支气管败血波氏杆菌、肺炎克雷伯氏菌、肺炎双球菌、结核杆菌、溶血性链球菌、土拉热弗朗西斯菌、产单核细胞李氏杆菌等）、真菌（如烟曲霉）等。

（2）**环境因素**　主要指兔舍内的环境和卫生情况。开放式兔舍通风良好，空气质量较好。密闭式兔舍如果通风不良，会致使空气中的灰尘、氨气超标，而舍中灰尘是病毒、细菌等病原体的载体，长时间飘浮，集聚了大量病原，吸入呼吸道造成呼吸系统疾病。为此，做好兔舍通风换气、保障空气质量可以显著减少呼吸系统疾病的发生。

（3）**饲养管理因素**　饲养密度不仅与兔的生长发育有关，还与兔的呼吸系统疾病密切相关；饮水系统经常漏水，导致兔舍湿度增大，空气中有害气体浓度升高，也是呼吸系统疾病发生的主要因素之一；免疫程序制定不科学、消毒不严格、隔离措施不当等因素极易引发呼吸系统疾病。

（4）**气候因素**　气候骤变、大风降温、高温高湿、昼夜温差过大等常可诱发感冒和呼吸系统疾病。

（5）**应激因素**　断奶、转笼、频繁地抓兔、药物注射等应激是许多疾病发生的诱因，因此生产中要尽量地减少应激频次和强度。

二、疾病的感染途径

兔呼吸道黏膜表面是直接与环境接触的重要部位，对各种微生物、化学毒物和尘埃等有害物质起着重要的防御作用。呼吸器官在生物性、物理性、化学性和机械性等因素的刺激下，以及其他组织器官疾病的影响下，可削弱或降低呼吸道黏膜防御作用和机体的抵抗力，导致外源性的病原、呼吸道常在病原（内源性）的侵入及大量繁殖，引起呼吸系统的炎症等病理变化，进而造成呼吸系统疾病。

第二节　呼吸系统疾病的诊断思路及鉴别诊断要点

一、诊断思路

呼吸急促、呼吸困难、流鼻液、打喷嚏是兔呼吸系统疾病的基本临床表现，客观上表现为呼吸的频率、深度、姿势，鼻液的性状、多少等。当发现兔群中出现以呼吸急促、呼吸困难、流鼻液等为主要临床表现的病兔时，首先应考虑的是引起呼吸系统（肺源性）的原发性疾病，然后是引起这些症状的其他疾病，如某些中毒病、中暑、胃扩张、肠阻塞等。

健康兔的鼻孔干燥，周围的毛洁净，呼吸平稳。如果鼻孔不洁，有鼻液流出或者打喷嚏，呼吸急促和有鼾声等，表明可能患巴氏杆菌病、波氏杆菌病等呼吸系统疾病。鼻孔内流出血液样泡沫则表明可能患兔瘟。容易导致流鼻液的疾病还有感冒、肺炎双球菌病、克雷伯氏菌病、绿脓杆菌病、李氏杆菌病、沙门菌病、弓形虫病、兔痘、葡萄球菌病、溃疡性齿龈炎、敌鼠钠盐中毒、安妥中毒、中暑等。突然连续地打喷嚏可能是异物性肺炎。

二、鉴别诊断要点

引起兔呼吸困难的常见疾病鉴别诊断要点见表 1-1。

表 1-1　引起兔呼吸困难的常见疾病鉴别诊断要点

疾病名称	病原/病因	发病特点	示病症状	病理变化特点
兔病毒性出血症（兔瘟）	兔病毒性出血症病毒（RHDV）	青年兔和成年兔多发，近年来也有仔兔发生的病例	体温升高到41℃及以上，呼吸困难，青年兔、成年兔突然倒地死亡，有的鼻腔内流出红色泡沫样液体，粪便上裹有黏液	剖检以实质器官瘀血、出血、水肿为特征。气管呈"红气管"一样，肺水肿、出血；胸腺水肿、出血；肝脏瘀血、肿大，似"槟榔"；肾脏表面有出血点和灰黄色或灰白色区，呈花斑肾；脾脏肿大，呈蓝紫色或暗紫色
2型兔病毒性出血症（2型兔瘟）	病原为一种新型的RHDV突变体，命名为RHDV2	RHDV2感染宿主范围更广，包括家兔和欧洲野兔，可跨物种感染。发病死亡年龄较小，未断奶的仔兔也发生。死亡率为5%~73%	RHDV2临床表现以亚急性或慢性感染为主。多数出现黄疸，特别是出现在皮下	剖检以实质器官出血、瘀血为主要特征。心脏、气管、胸腺、肺、肝脏、肾脏和肠道等多处有出血现象。常见胸腔和腹腔有大量的血液样渗出物；肝脏灰白、肿大，并伴有黄疸；肺出血，气管充血、出血；小肠肠道绒毛有局灶性坏死

疾病名称	病原/病因	发病特点	示病症状	病理变化特点
兔出血性败血症－急性巴氏杆菌病	多杀性巴氏杆菌	春、秋两季多见，呈散发或地方性流行	病型不同，表现不同。一般表现为呼吸困难、急促，停食，流鼻液，有的体温升高到41℃及以上	喉和气管黏膜充血、出血；肺有明显充血、出血、水肿；心包积液，心肌出血；肝脏表面有灰白色或浅黄色针尖大小的结节
波氏杆菌病	支气管败血波氏杆菌	各年龄兔均易感，春、秋两季多发，鼻炎型常呈地方流行，支气管肺炎型呈散发性	鼻炎型有浆液性或黏液性鼻液，一般不呈脓性；支气管肺炎型有白色黏液性脓性分泌物，呼吸加快、困难，呈犬坐姿势，鼻炎症状久治不愈	鼻腔黏膜充血、出血；肺和胸腔内有脓疱；有的肝脏表面有黄豆至蚕豆大的脓疱，脓疱内积有黏稠的乳白色或灰白色脓液
克雷伯氏菌病	克雷伯氏菌	仔、幼兔易感性高；一年四季均可发生，呈散发性流行	精神沉郁，食欲不振，呼吸快而急促，仔、幼兔剧烈腹泻	肺部及其他器官、皮下、肌肉有脓肿；肠道黏膜充血
肺炎球菌病	肺炎双球菌	呼吸道为主要传播途径。幼兔呈地方性流行	食欲不振，体温升高，咳嗽、流鼻液	气管和支气管黏膜充血、出血，管腔内有粉红色黏液和纤维素性渗出物；肺部有大片的出血斑或水肿、脓肿；肝脏、脾脏肿大
传染性鼻炎	以多杀性巴氏杆菌和支气管败血波氏杆菌为主，少数为金黄色葡萄球菌和绿脓假单胞菌等	一年四季均可发生，但多发于冬季、春季，常呈地方性和散发性流行	咳嗽，打喷嚏；鼻腔流出浆液性鼻液，以后转为黏液性以至脓性鼻漏；呼吸困难，有鼾声	病变仅限于鼻腔和鼻窦，常呈鼻漏。鼻腔、鼻窦、鼻旁窦内含有大量浆液、黏液或脓液，黏膜增厚、红肿或水肿，或有糜烂处
结核病	结核杆菌	各年龄均易感，一年四季可发病	病程慢，食欲不振，消瘦，咳嗽，喘气，黏膜苍白，体温升高；患肠结核的出现腹泻	肺、肾脏、肝脏、胸膜、支气管淋巴结、肠系膜等处有结节，中心呈干酪样坏死
链球菌病	溶血性链球菌	一年四季均可发生，春、秋两季多发	体温升高、流鼻液，呼吸困难，间歇性下痢	皮下组织呈出血性浆液浸润；脾脏肿大；有出血性肠炎；肝脏、肾脏脂肪变性；肺呈暗红色至灰色
野兔热	土拉杆菌	易发于春末、夏初，吸血昆虫叮咬传播，呈地方性流行	鼻黏膜发炎、流浆液性鼻液，体温升高1~1.5℃，白细胞增多	鼻黏膜发炎，肺肿大、充血，有块状的突变区；肝脏、脾脏、肾脏肿大，有许多粟粒大的白色坏死灶；淋巴结显著肿大，有坏死小结节
李氏杆菌病	李氏杆菌	鼠多的兔场多发；幼兔较成年兔多发	鼻炎，结膜炎，妊娠兔流产，阴户流出脓性分泌物，有的头颈歪斜做转圈运动	肝脏、肾脏、心肌、脾脏有散在的针尖大的浅黄色或灰白色坏死灶；淋巴结显著肿大；胸、腹腔内和心包内有大量渗出液

（续）

疾病名称	病原/病因	发病特点	示病症状	病理变化特点
类鼻疽	伪鼻疽单胞菌	由损伤的皮肤黏膜或吸血昆虫叮咬皮肤或经呼吸道、消化道、泌尿生殖道等感染	鼻腔流出大量分泌物、鼻黏膜潮红；眼角有浆液性或脓性分泌物；呼吸急促、困难；体温升高，颈部和腋窝淋巴结肿大；公兔睾丸红肿、发热，母兔子宫内膜炎或造成流产	鼻黏膜处形成结节，有的结节溃疡；肺出现结节或弥漫性斑点，慢性病例可见肺实变；腹腔、胸腔的浆膜上有点状坏死灶；睾丸、附睾组织有干酪样坏死区域
支原体病	支原体	经呼吸道或内源感染，幼兔最易感，多发于寒冷季节	流出黏液性或浆液性鼻液，打喷嚏、咳嗽，呼吸急促、喘气。有的病兔四肢关节肿大、屈曲不灵活	肺水肿、气肿或肝变；支气管内有带泡沫的黏液，充血、出血
弓形虫病	垄地弓形虫	饲养猫的兔场多发，以温暖潮湿的季节多发	体温升高达42℃及以上，呼吸加快，有眼屎，流鼻液，嗜睡，出现运动失调、后肢麻痹和惊厥等神经症状，患病2~9天内死亡	见肺炎、淋巴结炎、肝炎、脾炎、心肌炎等变化；肠黏膜出血，有扁豆大小的溃疡灶。慢性型可见肉芽肿性脑炎病变，在肌肉或脑内存在包囊
深部真菌病	以烟曲霉为主，有时为黑曲霉	幼龄兔易感，常成窝发病。垫草潮湿、闷热、通风不良等造成本病的发生	呼吸困难，眼结膜肿胀，眼球发紫，逐渐消瘦，最后衰竭死亡	肺组织及胸膜下有大小不等的黄白色圆形结节，结节的内容物呈黄色干酪样
肺炎	因细菌感染、气候多变或药物误入气管内	幼兔多发	咳嗽，鼻腔有黏液性或脓性分泌物，呼吸困难	肺表面可见到大小不等、深褐色的斑点状肝样病变。有的病例肺部有大小不等、数量不一的脓疱
感冒	寒冷的突然袭击	早春、晚秋季节多发	流鼻液、呼吸困难，体温升高，打喷嚏、咳嗽	结膜潮红，肺充血，鼻黏膜充血

第三节　常见疾病的鉴别诊断与防治

一、兔病毒性出血症

　　兔病毒性出血症（RHD）俗称兔瘟、兔出血症，于1984年在我国江苏省首次发生，波及世界许多地方。本病是由兔病毒性出血症病毒（RHDV）引起兔的一种急性、高度致死性传染病，对养兔生产为害极大。本病的特征为兔生前体温升高，死后呈明显的全身性出血和实质器官变性、坏死。

　　【流行特点】　本病自然感染只发生于兔，其他畜禽不会染病。各类型兔中以毛用兔最易感，獭兔、肉兔次之。不同年龄兔的易感性差异很大。仔兔一般不发病，青年兔和成年兔的发病率较高，近年来，断奶幼兔发病率也呈增高的趋势。一年四季均可发生，但春、秋两季更易流行。病兔、死兔和隐性传染兔为主要传染源，呼吸道、消化道、皮肤伤口和黏膜伤口为主要传播途径。

2010 年，法国出现一种与传统兔病毒性出血症病毒存在明显差异的 2 型兔病毒性出血症病毒（RHDV2），本病被命名为 2 型兔病毒性出血症。本病毒 2020 年 4 月在我国四川首次被发现。2 型兔病毒性出血症病毒可感染家兔和欧洲野兔，可跨物种感染。发病死亡年龄较小，未断奶的仔兔也发生。死亡率为 5%~73%。

【临床症状与病理剖检变化】

（1）**传统兔病毒性出血症**　最急性病例突然抽搐尖叫几声后猝死，有的嘴内吃着草而突然死亡。急性病例体温升到 41℃及以上，精神萎靡，不喜动（图 1-1），食欲减退或废绝，饮水增多，病程 12~48 小时；死前表现呼吸急促、兴奋、挣扎、狂奔、啃咬兔笼、全身颤抖、体温突然下降，有的尖叫几声后死亡，有的鼻腔流出泡沫状血液，有的口腔或耳内流出红色泡沫样液体（图 1-2~图 1-4）；肛门松弛，周围被少量浅黄色胶冻样物污染（图 1-5）。慢性的少数可耐过、康复。

图 1-1　精神萎靡，伏地不动

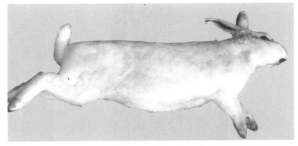

图 1-2　尸体不显消瘦、四肢僵直，鼻腔流出血样液体

图 1-3　鼻腔内流出血样、泡沫状液体

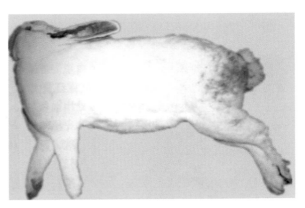

图 1-4　耳朵内流出血样液体

剖检可见气管内充满泡沫状血液（图 1-6），黏膜出血，呈明显的气管环；肺充血、有点状出血（图 1-7）；胸腺、心外膜、胃浆膜、肾脏、淋巴结、肠浆膜等组织器官均

明显出血，实质器官变性（图1-8~图1-16）；脾脏瘀血、肿大（图1-17）；肝脏肿大、出血，有的呈花白状，胆囊充盈（图1-18和图1-19）；膀胱积尿，充满黄褐色尿液（图1-20）；脑膜血管充血、怒张，并有出血斑点（图1-21）。组织检查发现，肺、肾脏等器官有微血栓形成（图1-22），肝脏、肾脏等实质器官细胞明显坏死。

图1-5 病兔排出黏液性粪便

图1-6 气管内充满泡沫状血液

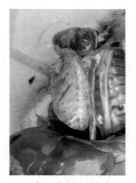

图1-7 肺上有鲜红的出血斑点

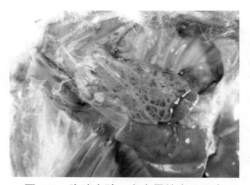

图1-8 胸腺水肿、有大量的出血斑点

图1-9 心外膜出血

图1-10 胃浆膜散在大量出血点

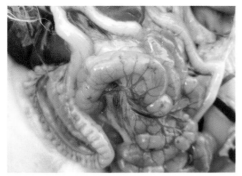

图 1-11　小肠浆膜出血

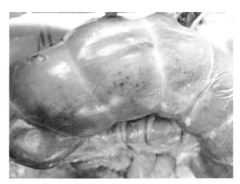

图 1-12　盲肠浆膜出血

图 1-13　肾脏点状出血

陈怀涛

图 1-14　肠浆膜有大量出血斑点

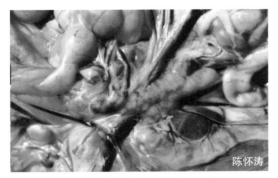

陈怀涛

图 1-15　肠系膜淋巴结肿大、出血

图 1-16　直肠浆膜有出血斑点

图 1-17　脾脏瘀血、肿大，呈黑紫色

图 1-18　胆囊胀大、充满胆汁，肝脏变性色黄

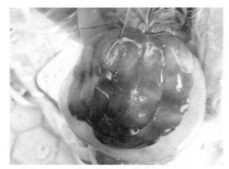

图 1-19　肝脏呈花白状，有出血点

图 1-20　膀胱内充满尿液

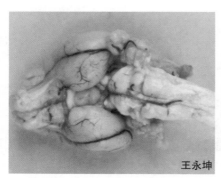

王永坤

图 1-21　脑膜血管充血、怒张，
并有出血点

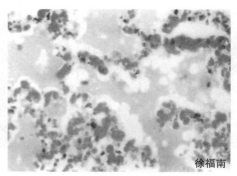

徐福南

图 1-22　肺瘀血、水肿，肺泡隔毛血管有
大量微血栓形成

（2）2 型兔病毒性出血症　2 型兔病毒性出血症较多地出现亚急性或慢性感染。多数出现黄疸，特别是出现在皮下。剖检以实质器官出血、瘀血为主要特征。尸检可见心脏、气管、胸腺、肺、肝脏、肾脏和肠道等多处有出血现象。常见胸腔和腹腔有丰富的血液样渗出物且凝集呈块；肝脏肿大、灰白或变黄，并伴有黄疸；肺出血，气管充血、出血；小肠肠道绒毛有局灶性坏死；膀胱充盈、积尿（图 1-23~ 图 1-25）。

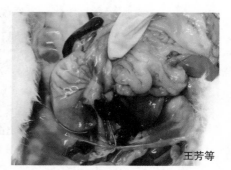

王芳等

图 1-23　腹腔出血，凝集呈块

【类症鉴别】

与巴氏杆菌病败血型的鉴别　巴氏杆菌引起的败血型多呈散发性流行或地方性流行，无明显年龄界限，无神经及鼻腔流血症状；肝脏不肿大，间质不增宽，但有散在性和弥漫性灰白色坏死病灶；肾脏不肿大，无明显色泽变化；常有化脓和纤维素样胸膜肺炎变化，可作为初步区别诊断。但主要根据两种病的病原特性不同进行确诊，巴氏杆菌两端染色较深，无芽孢，革兰阴性；而兔病毒性出血症的病原为病毒。

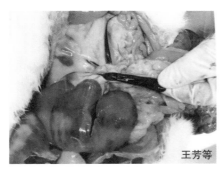

王芳等

图 1-24 肝脏肿大，变黄；
脾脏肿大；膀胱积尿

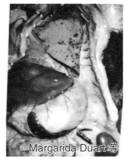

Margarida Duart 等

图 1-25 肺有大量出血斑点

【预防】

1）定期免疫接种。定期注射兔瘟疫苗。35 日龄用兔瘟单联苗或瘟 - 巴二联苗，每只皮下注射 2 毫升。60~65 日龄时加强免疫 1 次，皮下注射 1 毫升。以后每隔 5.5~6 个月注射 1 次。

2）禁止从疫区购兔。

3）严禁收购肉兔、兔毛、兔皮等的人员进入兔群。

4）做好病死兔的无害化处理。病死兔要深埋或焚烧，不得乱扔。使用的一切用具、病死兔的排泄物均需经 1% 氢氧化钠溶液消毒。

鉴于 2 型兔病毒性出血症用传统的兔瘟疫苗免疫效果差的特点，做好本病型的防控工作尤为重要，同时开展 2 型兔病毒性出血症疫苗的研制迫在眉睫。

【临床用药指南】 目前本病无特效治疗药物。若兔群发生兔病毒性出血症，可采取下列措施。

[方 1] 抗兔病毒性出血症高免血清：一般在发病后尚未出现高热症状时使用。方法：每只兔用 4 毫升高免血清，1 次皮下注射即可。在注射血清后 7~10 天，仍需及时注射兔瘟疫苗。

[方 2] 紧急注射兔瘟疫苗：若无高免血清，应对未表现临床症状的兔进行兔瘟疫苗紧急接种，剂量为 4~5 倍，1 只兔用 1 个针头。但注射后短期内兔群死亡率可能有升高的情况。

目前兔病毒性出血症流行趋于低龄化，病理变化趋于非典型化，多数病例仅见肺、胸腺、肾脏等脏器有出血斑点，其他脏器病变不明显。

目前，国内外暂没有 2 型兔病毒性出血症的相关疫苗，意大利、法国等已经开展了 2 型兔病毒性出血症的灭活疫苗的研制。

二、巴氏杆菌病

巴氏杆菌病是兔的一种重要常见传染病，病原为多杀性巴氏杆菌，临床病型多种多样。

【流行特点】 多发生于春、秋两季，常呈散发或地方性流行。多数兔鼻腔黏膜带有巴氏杆菌，但不表现临床症状。当各种因素（如长途运输、过分拥挤、饲养管理不良、空气质量不良、气温突变、疾病等）应激作用下，机体抵抗力下降，存在于上呼吸道黏膜及扁桃体内的巴氏杆菌则大量繁殖，侵入下部呼吸道，引起肺病变，或由于毒力增强而引起本病的发生。呼吸道、消化道、皮肤伤口和黏膜伤口为主要传播途径。

【临床症状与病理剖检变化】 临床病型多种多样，本节主要介绍败血型、肺炎型和生殖系统感染型。

（1）**败血型** 急性时精神萎靡，停食，呼吸急促，体温达41℃及以上，鼻腔流出浆液或脓性鼻液。死前体温下降，四肢抽搐。病程短的24小时内死亡，长的1~3天内死亡。流行之初有不显症状而突然死亡的病例。剖检可见全身性多个器官充血、瘀血、出血和坏死，膀胱积尿（图1-26~图1-30）。该型可单独发生或继发于其他任何一型巴氏杆菌病，但最多见于鼻炎型和肺炎型之后，此时可同时见到其他型的症状和病变。

图1-26 浆液出血性鼻炎
（鼻腔黏膜充血、出血、水肿，附有浅红色鼻液）

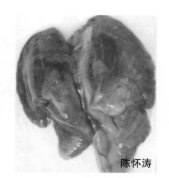

图1-27 出血性肺炎
（肺充血、水肿，有许多大小不等的出血斑点）

图1-28 肝脏坏死点
（肝脏表面散在大量灰黄色坏死点）

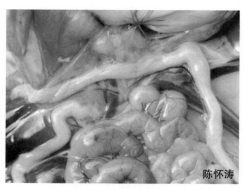

图1-29 肠浆膜出血
（结肠和空肠浆膜散在较多出血斑点）

（2）**肺炎型**　急性纤维素性化脓性肺炎和胸膜炎，并常导致败血症的结局。病初食欲不振，精神沉郁，主要症状为呼吸困难（图1-31和图1-32）。多数病例当出现头向上仰、张口呼吸时，则迅速死亡。剖检可见肺实变、纤维素性肺炎、化脓性肺炎和坏死性肺炎，以及纤维素性胸膜炎、胸腔积脓、心包膜有出血点（图1-33~图1-38）。

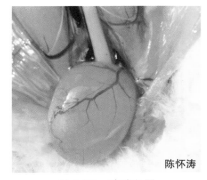

陈怀涛

图1-30　膀胱积尿

（膀胱积尿，血管怒张；直肠浆膜有出血点）

图1-31　鼻腔有黏性分泌物，呼吸困难

图1-32　呼吸困难，流鼻液，伴有结膜炎

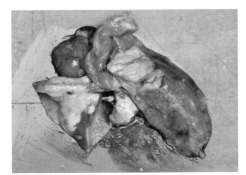

图1-33　肺大面积肝变

图1-34　纤维素性肺炎

图1-35　化脓性肺炎

图1-36　纤维素性胸膜炎

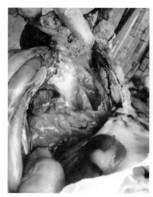

图 1-37　胸腔内充满白色脓汁

图 1-38　胸腔内积有大量白色脓汁

（3）**生殖系统感染型**　母兔感染时可无明显症状，或表现为不孕并有黏液性脓性分泌物从阴道流出（图 1-39）。子宫扩张，黏膜充血，内有脓性渗出物（图 1-40）。公兔感染初期附睾出现病变，随后一侧或两侧的睾丸肿大，质地坚实（图 1-41），有的发生脓肿，有的阴茎有脓肿（图 1-42）。

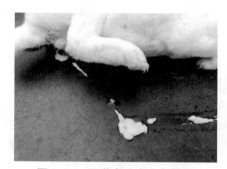

图 1-39　阴道内流出白色脓液

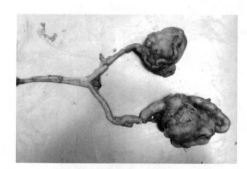

图 1-40　子宫角、输卵管积聚大量脓液而增粗

图 1-41　睾丸明显肿大，质地坚实

图 1-42　阴茎上有小脓肿

【类症鉴别】

败血型与兔病毒性出血症的鉴别　见兔病毒性出血症。

【预防】

1）建立无多杀性巴氏杆菌种群。

2）做好兔舍通风换气、消毒工作。定期消毒兔舍，适当降低饲养密度，保障饮水系统正常运行，及时清除粪尿，降低兔舍湿度，做好通风换气工作尤其是寒冷季节。

3）及时淘汰兔群中带菌者。对兔群经常进行临床检查，将流鼻液、鼻毛潮湿蓬乱、中耳炎、结膜炎的兔子及时检出，隔离饲养、治疗或淘汰。

4）定期注射兔巴氏杆菌灭活菌苗。每年 3 次，每次每只皮下注射 1 毫升。

【临床用药指南】

［方1］青霉素、链霉素：联合注射，青霉素 2 万 ~4 万单位 / 千克体重、链霉素 20 毫克，混合 1 次肌内注射，每天 2 次，连用 3 天。

［方2］磺胺二甲嘧啶：内服，首次量为 0.2 克 / 千克体重，维持量为 0.1 克，每天 2 次，连用 3~5 天。用药的同时应注意配合等量的碳酸氢钠。

［方3］恩诺沙星：100 毫克 / 升饮水，连续 7~14 天；或 5~10 毫克 / 千克体重，口服或肌内注射，每天 2 次，连续 7~14 天，对上呼吸道巴氏杆菌感染有一定的效果。

［方4］庆大霉素：肌内注射，2 万单位 / 千克体重，每天 2 次，连续 5 天为 1 个疗程。

［方5］诺氟沙星：肌内注射，每天 2 次，每次每只 0.5~1 毫升，连续 5 天为 1 个疗程。

［方6］卡那霉素：肌内注射，10~15 毫克 / 千克体重，每天 2 次，连用 3~5 天。

［方7］环丙沙星：肌内注射，每只 0.5 毫升，每天 1 次，连用 3 天。

［方8］替米考星：25 毫克 / 千克体重，皮下注射。

［方9］抗巴氏杆菌高免血清：皮下注射，高免血清 6 毫升 / 千克体重，8~10 小时再重复注射 1 次。

三、支气管败血波氏杆菌病

支气管败血波氏杆菌病是由支气管败血波氏杆菌引起兔的一种呼吸器官传染病，其特征为鼻炎和支气管肺炎，前者常呈地方性流行，后者则多是散发性。

【流行特点】 本病多发于气候多变的春、秋两季，冬季兔舍通风不良时也易流行。传播途径主要是呼吸道。病兔打喷嚏和咳嗽时病菌污染环境，并通过空气直接传给相邻的健康兔，当兔子患感冒、寄生虫等疾病时，均易诱发本病。本病常与巴氏杆菌病、李氏杆菌病等并发。

【临床症状与病理剖检变化】

（1）**鼻炎型** 较为常见，多与巴氏杆菌混合感染，鼻腔流出浆液或黏液性分泌物（通常不呈脓性）（图 1-43）。病程短，易康复。

（2）**支气管肺炎型**　鼻腔流出黏性至脓性分泌物，鼻炎长期不愈，病兔精神沉郁，食欲不振，逐渐消瘦，呼吸加快。成年兔多为慢性，幼兔和青年兔常呈急性。剖检时，如为支气管肺炎型，支气管腔可见混有泡沫的黏脓性分泌物，肺有大小不等、数量不一的脓疱，肝脏、肾脏等器官也可见或大或小的脓疱（图 1-44~ 图 1-50）。

图 1-43　鼻孔流出黏液性鼻液

图 1-44　肺上有一个约鸡蛋大小的脓疱

图 1-45　肺的表面和
实质见大量脓疱

图 1-46　胸腔与心包腔积脓
（图为哺乳仔兔，左肺①与胸腔
②有脓汁黏附，心包③内有黏稠、
乳油样的白色脓液）

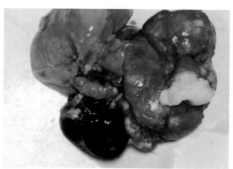

图 1-47　肺上的一个脓疱已切开，
流出白色乳油状脓液

图 1-48　肝脏组织中密布
许多较小的脓疱

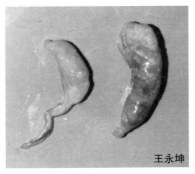

图1-49　两个睾丸中均有一些
大小不等的脓疱

图1-50　肾组织可见大小不等的脓疱

【类症鉴别】

（1）与巴氏杆菌病的鉴别　巴氏杆菌病除引起急性败血死亡外，还可引起胸膜炎，并以胸腔积脓为特征，很少单独引起肺脓疱。以病料分别接种于绵羊鲜血琼脂培养基和改良麦康凯琼脂培养基平皿，如仅能在绵羊鲜血琼脂培养基上生长，不能在改良麦康凯琼脂培养基上生长，即为多杀性巴氏杆菌；如能在上述两种培养基上生长，并呈不发酵葡萄糖的菌落，即为支气管败血波氏杆菌。

（2）与葡萄球菌病的鉴别　葡萄球菌病虽然能引起各器官及组织脓灶病变，但引起肺脓肿较少见，脓肿原发部位常在皮下和肌肉。最简单的鉴别法是将脓液涂片进行革兰氏染色，若为阳性球菌即为葡萄球菌；若呈阴性多形态小杆菌即为支气管败血波氏杆菌。

（3）与绿脓假单胞菌病的鉴别　绿脓假单胞菌病除引起兔败血症外，还在肺和内脏器官形成脓疱，但脓疱和脓液都是呈浅绿色或褐色，而本病的脓疱、脓液均呈乳白色或浅白色。绿脓假单胞菌在普通培养基上形成的菌落及周围均呈蓝绿色，并具有芳香味，而支气管败血波氏杆菌无此特性，可做出鉴别。

【预防】

1）保持兔舍清洁和通风良好。

2）及时检出、治疗或淘汰有呼吸道症状的病兔。

3）定期注射兔支气管败血波氏杆菌灭活苗。每只皮下注射1毫升，免疫期6个月，每年注射2次。

【临床用药指南】

［方1］　庆大霉素：每只每次1万~2万单位，肌内注射，每天2次。

［方2］　卡那霉素：每只每次1万~2万单位，肌内注射，每天2次。

［方3］　链霉素：20毫克/千克体重，肌内注射，每天2次，连用4天。

［方4］　恩诺沙星：5~10毫克/千克体重，肌内注射，每天1~2次，连用2~3天。

［方5］　四环素：每只每次1万~2万国际单位，肌内注射，每天2次。

［**方6**］ 酞酰磺胺噻唑：0.2~0.3克/千克体重，内服，每天2次。

治疗本病停药后易复发，内脏脓疱的病例治疗效果不明显，应及时淘汰。

四、肺炎克雷伯氏菌病

肺炎克雷伯氏菌病是由肺炎克雷伯氏菌引起兔的一种散发性传染病。青年兔、成年兔以肺炎及其他器官化脓性病灶为特征，幼兔以腹泻为特征。

【**流行特点**】 本菌为肠道、呼吸道、土壤、水和谷物等的常见菌。当兔机体抵抗力下降或其他原因造成应激，可促使本病发生。各种年龄、品种、性别的兔均易感染，但以断奶前后仔兔及妊娠母兔发病率最高，受害最为严重。

【**临床症状与病理剖检变化**】 青年兔、成年兔患病后病程长，无特殊临床症状，一般表现为食欲逐渐减少和渐进性消瘦，被毛粗乱，行动迟钝，呼吸急促，打喷嚏，流鼻液（图1-51）。剖检可见病兔肺部和其他器官、皮下、肌肉有脓肿，脓液黏稠呈灰白色或白色（图1-52和图1-53）。幼兔剧烈腹泻，迅速衰弱，终至死亡。幼兔肠道黏膜瘀血，肠腔内有大量黏稠物和少量气体（图1-54）。妊娠母兔发生流产。

图1-51 精神沉郁，消瘦，呼吸急促

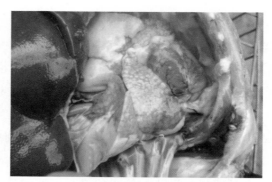

图1-52 部分肺颜色变红、实变、凹凸不平

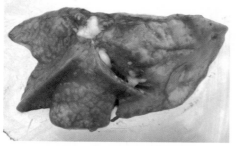

图1-53 肺切面多处见白色脓液流出

图1-54 肠瘀血色暗红，肠腔内积有大量液体

【**类症鉴别**】

（1）**与肺炎球菌病的鉴别** 两者无论在临床症状还是病理变化上均有相似之处。鉴别以区分细菌生物学特性为主。

（2）**与溶血性链球菌病的鉴别**　两者病理变化虽有所不同，但在肺炎和化脓性病灶上有相同之处。病料做触片和涂片、革兰氏染色、镜检时，若有革兰阳性、链状球菌，为溶血性链球菌；若有革兰阴性、短粗、卵圆形杆菌，为肺炎克雷伯氏菌。病料在麦康凯琼脂平皿培养基上呈红色、黏稠、灰白色大菌落，在鲜血琼脂平皿培养基上呈溶血、黏稠、灰白色大菌落，为肺炎克雷伯氏菌；若在麦康凯琼脂平皿培养基上不生长，而在鲜血琼脂平皿培养基上呈 β 溶血、灰白色、细小菌落，为溶血性链球菌。

【预防】　本病目前无特异性预防方法。平时加强清洁卫生和防鼠、灭鼠工作。一旦发现病兔，及时隔离治疗，对其所用兔笼、用具进行消毒。

【临床用药指南】

［方1］　链霉素：链霉素是治疗本病的首选药物，肌内注射，2 万国际单位 / 千克体重，每天 2 次，连用 3 天。

［方2］　硫酸庆大霉素：肌内注射，2~4 毫克 / 千克体重，每天 2 次，连用 2~3 天。

［方3］　硫酸卡那霉素：肌内注射，10~15 毫克 / 千克体重，每天 2 次，连用 3~5 天。

［方4］　丁胺卡那霉素（阿米卡星）：肌内注射，7 毫克 / 千克体重，每天 2 次；也可口服，10 毫克 / 千克体重，每天 4 次，连用 3~5 天。

本病属人兽共患病，注意个人卫生防护。

五、肺炎球菌病

本病是由肺炎双球菌引起的一种呼吸道传染病，其特征为体温升高、咳嗽、流鼻液和突然死亡。

【流行特点】　病兔、带菌兔及带菌的啮齿动物等是主要的传染源，由被污染的饲料和饮水等经胃肠道或呼吸道传染，也可经胎盘传染。妊娠兔和成年兔多发，且常为散发，可呈地方性流行。

【临床症状与病理剖检变化】　精神沉郁，减食，体温升高，咳嗽，流出黏液性或脓性鼻液。幼兔患病常呈败血症变化，突然死亡。剖检可见气管和支气管黏膜充血及出血，管腔内有粉红色黏液和纤维素性渗出物。肺部有大片的出血斑或水肿、脓肿。多数病例呈纤维素性胸膜炎和心包炎，心包与肺或与胸膜之间发生粘连（图 1-55）。肝脏肿大，呈脂肪变性。脾脏肿大。子宫和阴道黏膜出血。

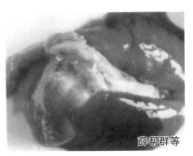

薛帮群等

图 1-55　纤维素性胸膜炎和心包炎，可见心包与胸膜发生粘连

【类症鉴别】

（1）**与兔波氏杆菌病的鉴别**　波氏杆菌病的临床症状、病理变化与兔肺炎球菌病

非常相似，鉴别诊断主要靠细菌学检查。

（2）与兔巴氏杆菌病的鉴别 患巴氏杆菌病的兔肝脏有坏死灶，本病无此病变。

（3）与溶血性链球菌病的鉴别 两者在临床症状、病理变化和细菌特性方面相似处颇多，因此鉴别诊断时必须做生化鉴定。

【预防】 主要是加强饲养管理，严格执行兽医卫生防疫制度。受威胁兔群，可使用药物进行预防性治疗。

【临床用药指南】

［方1］ 青霉素：2万~4万国际单位/千克体重，肌内注射，每天2次，连用3~5天。卡那霉素、新生霉素与庆大霉素治疗也有效。

［方2］ 磺胺二甲基嘧啶：0.05~0.1克/千克体重，口服，每天2次，连用4天。

［方3］ 抗肺炎双球菌高免血清：每只兔10~15毫升，加入青霉素或新霉素4万~8万国际单位，皮下注射，每天1次，连用3天。

六、传染性鼻炎

传染性鼻炎主要是由多杀性巴氏杆菌、支气管波氏杆菌等引起的一种慢性呼吸道传染病，是规模兔场的一种常见多发病。本病虽然传播较慢，但常成为急性巴氏杆菌病和支气管波氏杆菌病的疫源，常导致化脓性结膜炎、中耳炎等病例的发生。

【流行特点】 本病一年四季均可发生，但多发于冬季、春季，常呈地方性和散发性流行。由于多数家兔上呼吸道黏膜带有病原菌，但是常常不表现临床症状或症状不明显。若将患病或带菌兔引入兔群，或遇饲养不当、兔舍通风不良等因素时，则可迅速致病，主要是经呼吸道感染，消化道、皮肤和黏膜的伤口也可感染。

【临床症状与病理剖检变化】 病初兔表现为上呼吸道卡他性炎症，流出浆液性鼻液，以后转为黏液性以至脓性鼻漏。病兔经常打喷嚏、咳嗽。鼻孔周围的被毛潮湿、缠结，甚至脱落，皮肤红肿、发炎。随后鼻液变得更多、更稠，并在鼻孔周围结痂，堵塞鼻孔，使呼吸更加困难，并有鼾声（图1-56~图1-58）。由于病兔经常抓擦鼻部（图1-59），病兔可把病菌传播给其他兔，也可将病菌带入眼内、耳内或皮下，引起化脓性结膜炎、角膜炎、中耳炎、皮下脓肿、乳腺炎等并发症。最后病兔常因精神委顿、营养不良，衰竭而死亡。剖检病变仅限于鼻腔和鼻窦，常呈鼻漏。鼻腔、鼻窦、鼻旁窦内含有大量浆液、黏液或脓液，黏膜增厚、红肿或水肿，或有糜烂处。

常常发现有仰头、张口呼吸（图1-60），突然窒息死亡的病例。剖检可见肺部有肝样硬化，肺部有白色脓液或有大小不一、数量不等的脓疱或胸腔有脓疱或脓胸，使肺部与胸膜或与胸壁发生粘连（图1-61）。

【类症鉴别】

与非传染性鼻炎的鉴别 非传染性鼻炎常因受到强烈刺激性气体的刺激，特别是兔舍通风不良时氨气或灰尘的刺激，以及气候骤变所致感冒等外界因素的影响，使上呼吸道黏膜发炎。病兔鼻腔流出少量浆液性分泌物，但当消除外界不利因素后，鼻炎症状很快消失。而传染性鼻炎鼻炎症状仍然不断发展，鼻腔分泌物由浆液性到黏液性再到脓性，是二者区别诊断的重要依据。

图 1-56　病兔有少量黏性分泌物

图 1-57　鼻孔内流出
大量黏性白色分泌物

图 1-58　鼻液在鼻孔周围形成结痂，
痂皮内有兔毛附着，呼吸困难

图 1-59　病兔不适，经常抓擦鼻部

图 1-60　病兔仰头、张口呼吸

图 1-61　剖检可见肺部肝变，
切开肝变部有多处流出白色脓液

【预防】

1）做好兔舍通风换气工作。尤其是冬季做好通风与保温的协调工作。

2）发现患传染性鼻炎的病兔，及时隔离治疗，以防将病菌传给其他兔。

3）定期对兔群注射巴氏杆菌疫苗、波氏杆菌疫苗或呼吸道二联苗（巴氏杆菌、波氏杆菌）。皮下注射，每年 2~3 次，剂量按说明使用。

【临床用药指南】因病原不同，治疗时应根据药敏试验结果选择用药，也可参照巴氏杆菌病、波氏杆菌病等用药方案进行。

恩诺沙星：100 毫克 / 升，饮水，连续 7~14 天；或 5~10 毫克 / 千克体重，口服或肌内注射，每天 2 次，连续 7~14 天。同时用庆大霉素滴鼻，每次每只 2~3 滴，每天 2~3 次，效果较好。

也可用链霉素、四环素、庆大霉素、卡那霉素等滴鼻或肌内注射。

药物治疗与注射疫苗相结合效果较好。

七、结核病

结核病由结核杆菌属细菌引起，其特征为肺、淋巴结等器官形成结核结节，临床上出现渐进性消瘦。

【流行特点】各种畜禽、野生动物和人都能感染发病。病兔和患结核病的其他动物的分泌物、排泄物污染了饲料、饮水和用具，将结核病菌传给健康兔而引起发病。也可通过飞沫传播。此外，还可通过交配、皮肤创伤、脐带或胎盘等途径传播。

【临床症状与病理剖检变化】病初常无明显症状，随疾病发展，出现咳嗽、喘气、呼吸困难、消瘦等症状。患肠结核的病兔，常表现拉稀，有的病例四肢关节肿大或骨骼变形，甚至发生脊椎炎和后躯麻痹。剖检可见淋巴结、肺等脏器有结核结节形成，有的病兔系膜上有结核结节形成，结节常发生干酪样坏死（图 1-62~ 图 1-64），组织上可见特异的多核巨细胞和上皮细胞（图 1-65）。

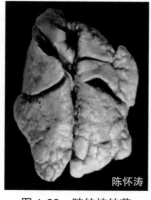

图 1-62　肺结核结节

（肺表面散在大量大小不等的结核结节，大结节中心部发生干酪样坏死）

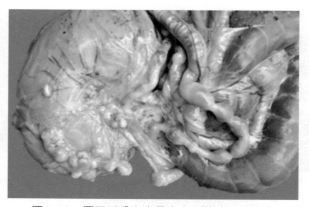

图 1-63　胃肠系膜上大量大小不等的结核结节

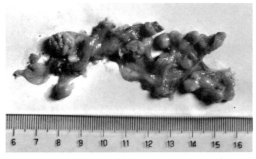

图 1-64 结节中心干酪样坏死

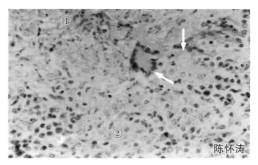

图 1-65 结核结节的组织结构

[①结节中心为干酪样坏死区，染色较红。②结节外周围为大量上皮细胞，染色较浅，其中夹杂少量多核巨细胞（↑）]

【类症鉴别】

与伪结核病的鉴别 伪结核病的结节主要发生于圆小囊和盲肠蚓突浆膜下，而结核病很少发生在这些部位。结核杆菌为革兰阳性，有抗酸染色特性。

【预防】

1）做好生物预防。兔场、兔舍要远离牛舍、鸡舍和猪圈，减少病原传播的机会。禁用患结核病病牛、病羊的乳汁喂兔。患结核病的人不能当饲养员。

2）定期检疫，及时淘汰病兔。

【临床用药指南】 对种用价值高的病兔可用异烟肼和链霉素联合治疗。每只兔每天口服异烟肼 1~2 克，肌内注射，对氨基水杨酸 4~6 克，间隔 1~2 天用药 1 次，链霉素每天 30 毫克／千克体重。

八、链球菌病

链球菌病是由溶血性链球菌引起的一种急性败血症传染病，主要为害幼兔，春、秋季多发。

【流行特点】 病菌存在于许多动物和家兔的呼吸道、口腔及阴道中，在自然界分布很广。病兔和带菌兔是主要传染源，病菌随分泌物、排泄物污染饲料、用具、空气、饮水和周围环境，经健康兔的上呼吸道黏膜或扁桃体而传染。当各种应激因素使机体抵抗力降低时，也可诱发本病。主要侵害幼兔，发病不分季节，但以春、秋两季多见。

【临床症状与病理剖检变化】 体温升高，不食，精神沉郁，呼吸困难，间歇性下痢（图 1-66），常死于脓毒败血症。剖检可见皮下组织浆液出血性炎症、卡他出血性肠炎、脾脏肿大等败血性病变（图 1-67 和

图 1-66 病兔精神沉郁，下痢

图 1-68），有的病例也可发生局部脓肿。

图 1-67　皮下组织充血、出血与水肿

图 1-68　肠黏膜充血、出血、水肿

【类症鉴别】

（1）**与兔葡萄球菌病的鉴别**　葡萄球菌常使各个器官形成脓灶，将脓汁涂片染色镜检可见革兰阳性葡萄串状排列的球菌，而呈短球或链球状的为链球菌。

（2）**与兔肺炎球菌病的鉴别**　肺炎球菌病多以肺水肿、脓肿、纤维素性胸膜炎、心包炎为特征，肺炎球菌染色后可见荚膜。

【预防】

1）防止兔感冒，减少诱病因素。

2）发现病兔立即隔离，并进行药物治疗。

【临床用药指南】

［**方1**］　青霉素：2 万 ~4 万单位 / 千克体重，肌内注射，每天 2 次，连用 3 天。

［**方2**］　红霉素：每只 50~100 毫克，肌内注射，每天 2~3 次，连用 3 天。

［**方3**］　磺胺嘧啶钠：0.2~0.3 克 / 千克体重，内服或肌内注射，每天 2 次，连用 4 天。

九、野兔热

野兔热又称为土拉热或土拉杆菌病，是由土拉热弗朗西斯菌引起人兽共患的一种急性、热性、败血性传染病。本病广泛流行于啮齿动物中，其特征为体温升高，淋巴结、肝脏、脾脏等器官形成坏死灶。

【流行特点】　病兔及被污染的饲料、垫草、饮水等都能成为传染源。病菌可通过皮肤、黏膜侵入兔体，也能通过吸血昆虫传播。多发生于春末夏初。

【临床症状与病理剖检变化】　超急性无临床症状，因败血症迅速死亡。急性者仅于临死前表现精神萎靡，食欲不振，运动失调，2~3 天内呈败血症而死亡。大多数病例为慢性，发生鼻炎，鼻腔流出黏性或脓性分泌物，体表淋巴结（如颌下、肩前、腹股沟淋巴结）肿大，体温升高 1~1.5℃，极度消瘦，最后多衰竭而死。剖检可见淋巴结、肝脏、脾脏、肾脏肿大，有大小不等的坏死灶形成（图 1-69~ 图 1-72）。

图 1-69　淋巴结充血、出血、肿大，
切面见大小不等的灰黄色坏死灶

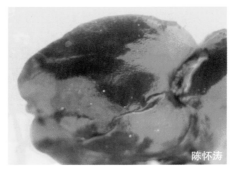

图 1-70　肝脏表面散在针尖至
粟粒大的坏死灶

图 1-71　脾脏切面见大小不等的颗粒状灰黄色坏死灶

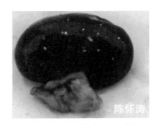

图 1-72　肾脏表面见数个
粟粒大的灰黄色坏死灶

【类症鉴别】

（1）**与伪结核病的鉴别**　野兔热各器官形成坏死灶的速度比伪结核病要快得多，因此不见有细胞反应和脓性融化等病变。野兔热病变集中于淋巴结和实质器官，而伪结核病特征性的结节病变在蚓突浆膜下和圆小囊浆膜下。

（2）**与李氏杆菌病的鉴别**　李氏杆菌病常呈神经症状，体表淋巴结无明显变化，灰白色坏死灶主要位于肝脏、心脏、肾脏，同时有脑炎、流产及单核白细胞增多等症状。

【预防】

1）兔场要做好灭鼠杀虫、驱除兔体外寄生虫和兔舍消毒等工作，严禁野兔进入饲养场。

2）引进种兔要隔离观察，确认无病后方可入群。

3）发现病兔要及时治疗，无治疗价值的要扑杀处理。

4）疫区可试用弱毒菌苗预防接种。

【临床用药指南】　病初可用以下药物治疗。

［方1］　链霉素：20毫克/千克体重，肌内注射，每天2次，连用4天。

［方2］　金霉素：20毫克/千克体重，用5%葡萄糖液溶解后静脉注射，每天2次，连用3天。

［方3］　硫酸卡那霉素：10~15毫克/千克体重，肌内注射，每天2次，连用3~5天。

［方4］　盐酸四环素：5~10毫克/千克体重，静脉注射，每天2次，连用2~3天。

本病属人兽共患病，剖检时要注意防护，以免受感染。治疗应尽早进行，病至后期再治疗效果不佳。

十、李氏杆菌病

李氏杆菌病为人兽共患的一种散发性传染病，是由产单核细胞李氏杆菌引起的。其特征为败血症、脑膜脑炎和流产，幼兔和妊娠兔易感，死亡率高。

【流行特点】 本病的传染源特别多，其中鼠类常为本菌在自然界的贮藏库。带菌动物的粪便和分泌物感染了饲料、用具和水源之后，可传染给兔。传播途径为消化道、鼻腔、眼结膜、伤口及吸血昆虫的叮咬。多为散发，有时呈地方性流行，发病率低，死亡率高，幼兔和妊娠兔较易感染。

【临床症状与病理剖检变化】 潜伏期一般为2~8天。急性病例多见于幼兔，症状仅见精神萎靡，不食，体温升高到40℃以上，也见鼻炎（图1-73）、结膜炎，1~2天内死亡。亚急性与慢性病例，主要表现为间歇性神经症状，如嚼肌痉挛，全身震颤，眼球凸出，头颈偏向一侧，做圆圈运动等（图1-74），如侵害妊娠兔则于产前2~3天发病，阴道流出红色或棕褐色分泌物。血中单核细胞增多。病理变化为鼻炎、化脓性子宫内膜炎、单核细胞性

陈怀涛

图1-73 鼻炎：鼻黏膜潮红，从鼻孔流出黏液性鼻液

脑膜脑炎（图1-75），肝脏、心脏、肾脏、脾脏等内脏形成坏死灶（图1-76和图1-77）。

图1-74 头偏向一侧，做圆圈运动

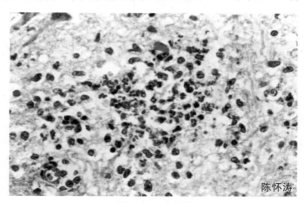

陈怀涛

图1-75 脑炎

[在脑组织中可见由单核细胞膜和中性粒细胞组成的细胞灶（微脓肿），小血管周围也可见单核细胞浸润]

陈怀涛

图1-76 心肌中见多发性坏死小灶

L.Gekle 等

图1-77 脾脏肿大，有大量浅黄色坏死灶

【类症鉴别】

（1）与巴氏杆菌病的鉴别　见巴氏杆菌病。

（2）与沙门菌病的鉴别　沙门菌病肠淋巴组织常增生、肿大、坏死，肠黏膜可出现溃疡，而无脑膜炎症状。

（3）与野兔热的鉴别　李氏杆菌病病兔常呈现神经症状，体表淋巴结无明显变化，病料染色镜检为革兰阳性小杆菌。患野兔热病兔一般不出现神经症状，病料染色镜检为革兰阴性、多形态的小杆菌。

（4）与脑炎原虫病的鉴别　两种病虽然都有神经症状，但脑炎原虫病剖检可见肾脏表面有白色小点或大小不等的凹陷状病灶。

【预防】

1）做好兔场灭鼠和消灭蚊虫的工作。

2）发现病兔，立即隔离治疗或淘汰，并对兔笼和用具等进行消毒。

3）对有病史的兔场或长期不孕的兔，可采血化验单核白细胞数量变化情况，检出隐性感染的兔。

【临床用药指南】

［方1］　磺胺嘧啶钠：0.1毫克/千克体重，肌内注射，首次量加倍，每天2次，连用3~5天。

［方2］　增效磺胺嘧啶：25毫克/千克体重，肌内注射，每天2次，连用3~5天。

［方3］　四环素：每只200毫克，口服，每天1次，连用3~5天。

［方4］　庆大霉素：1~2毫克/千克体重，肌内注射，每天2次，连用3天。

［方5］　新霉素：每只2万~4万单位，混于饲料中喂给，每天3次，连用3~5天。

［方6］　硫酸卡那霉素：10~15毫克/千克体重，肌内注射，每天2次，连用3~5天。

［方7］　青霉素+庆大霉素：每只青霉素10万单位和庆大霉素8万单位联合使用，肌内注射，每天2次，连用3~5天。同时口服磺胺嘧啶0.5~0.3克/千克体重，每天3~4次，连用5~7天。

［方8］　金银花、栀子根、野菊花、茵陈、钩藤根、车前草各3克，水煎服，可治疗幼兔李氏杆菌感染。

［方9］　大青叶（或板蓝根）10克、钩藤10克、蜈蚣2条、蚯蚓2条，水煎服或拌料，每天2次，连用3~5天，可治疗李氏杆菌引起的妊娠母兔流产。

本病能传染给人，注意个人防护。

十一、曲霉菌病

曲霉菌病主要是由烟曲霉引起的兔的一种深部霉菌病。其特征是呼吸器官（尤其是肺和支气管）发生霉菌性炎症，以幼龄兔最为常见。

【流行特点】 幼龄兔对烟曲霉比较敏感，常成窝发生，成年兔很少发生。产窝内垫草潮湿、闷热、通风不良，极易产生烟曲霉孢子，这是引起本病的主要传染源。严重污染时仔兔出生后不久即可感染。发霉饲料也可引起本病。

【临床症状与病理剖检变化】 急性病例很少见。多见于仔兔，常成窝发生。慢性病例逐渐消瘦，呼吸困难，且日益加重，症状明显后几星期内死亡。剖检时，在肺表面和肺组织内到处都有散在的黄色或暗灰色结节，结节内容物呈黄色干酪样。结节周围有黄色晕圈。有时结节较扁平，互相融合为不规则的、边缘呈锯齿状的坏死灶（图1-78和图1-79）。

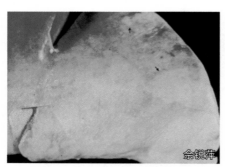

图1-78 肺坏死病变

[肺表面见大小不等的灰黄色病变区（↑），其边缘不整齐，附近肺组织充血色红]

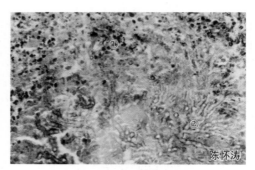

图1-79 坏死性肺炎

（霉菌性肺炎的组织变化：①肺组织坏死；②霉菌菌丝和孢子）

【类症鉴别】

（1）**与兔结核病的鉴别** 结核病除进行性消瘦、呼吸困难外，还表现有明显的咳嗽、喘气，有的出现腹泻、四肢关节变形等；结核结节可发生在除肺和肝脏以外的其他脏器如胸膜、腹膜、肾脏、心包及全身淋巴结等部位；采取病料涂片，用抗酸染色法染色镜检，可见细长丝状、稍弯曲的红色结核杆菌。曲霉菌病仅在肺部有结节。

（2）**与兔肺炎的鉴别** 肺炎除呼吸困难、精神不振、少食外，还表现出明显的咳嗽，呼吸浅表，听诊有湿性啰音，体温升高等；该病多发生于气候多变季节，见于个别幼兔，没有传染性，剖检肺部没有黄白色结节，可与曲霉菌病进行区别。

【预防】 本病以预防为主。放入产箱内的垫料应清洁、干燥，不含霉菌孢子；不喂发霉饲料；兔舍内保持干燥、通风。

【临床用药指南】 本病目前尚无有效的治疗方法。可试用如下方法。

［方1］ 制霉菌素：每千克饲料100万单位或者每升饮水中100万单位，连用3天。

［方2］ 灰黄霉素：每天按25毫克/千克体重的剂量分2次内服，连用3~5天。

［方3］ 两性霉素B：用注射用水配成0.09%，0.125~0.5毫克/千克体重，缓慢静脉注射，隔天1次。同时每升水中加碘化钾5~10毫克，作为饮水用药。

十二、弓形虫病

弓形虫病是由龚地弓形虫引起人兽共患的一种原虫病，呈世界性分布，兔也可被感染。

【流行特点】 猫是人和动物弓形虫病的主要传染源。卵囊随猫粪便排出后发育成具有感染能力的孢子化卵囊，卵囊通过消化道、呼吸道与皮肤等途径侵入体内，也可通过胎盘感染胎儿。

【临床症状与病理剖检变化】 急性病例主要见于仔兔，表现突然不食，体温升高，呼吸加快，眼鼻有浆液性或黏脓性分泌物（图1-80），嗜睡，后期有惊厥、后肢麻痹等症状，在发病后2~9天死亡。慢性病例多见于老龄兔，病程较长，食欲不振，消瘦，后肢麻痹（图1-81）。有的会突然死亡，但多数可以康复。剖检可见坏死性淋巴结炎、肺炎、肝炎、脾炎、心肌炎和肠炎等变化（图1-82~图1-85）。慢性病变不大明显，但组织上可见非化脓性脑炎和细胞中的虫体。

图1-80 眼、鼻有黏脓性分泌物

图1-81 病兔嗜睡，后肢麻痹

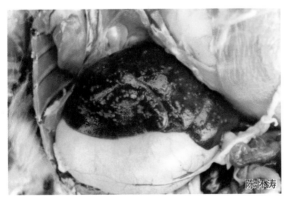

图1-82 肝脏散布大量坏死灶

图1-83 心肌散在点状或
条状黄白色坏死灶

【类症鉴别】

（1）与兔巴氏杆菌病的鉴别 巴氏杆菌病除有鼻炎及肺炎症状外，还有中耳炎、结膜炎、子宫脓肿、睾丸炎及全身败血症等病型。病理变化除肺部病变外，还可见到其他实质脏器充血、出血、变性与坏死等。采取病料涂片，染色镜检，可见两极着色的卵圆形小杆菌，即为多杀性巴氏杆菌，故可与兔弓形虫病相区别。

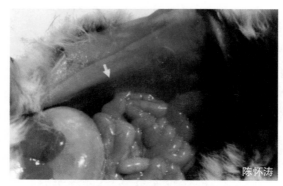

图 1-84　腹腔积聚大量浅黄色液体（↑）

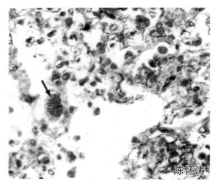

图 1-85　间质性肺炎

［肺炎间隔增宽，细胞成分增多，肺泡腔中见大小不一的炎症细胞和脱落的上皮细胞，有的巨噬细胞中含有大量的弓形虫（↑）］

（2）与兔波氏杆菌病的鉴别　患波氏杆菌病的兔除有鼻炎与支气管肺炎症状外，还可出现脓疱性肺炎。剖检可见肺部有大小不一的脓疱，肝表面有黄豆至蚕豆大的脓疱，还可引起心包炎、胸膜炎、胸腔积脓等。采取病料，涂片镜检，可见革兰阴性多形态的小杆菌，即为波氏杆菌，故可与兔弓形虫病相区别。

【预防】兔场禁止养猫并严防外界猫进入兔场。注意不使兔饲料、饮水被猫粪便污染。留种时须经弓形虫检查，确为阴性者方可留用。

【临床用药指南】磺胺类药物对本病有较好的疗效。

〔方 1〕　磺胺嘧啶＋甲氧苄胺嘧啶：内服，前者首次用量为 0.2 克／千克体重，维持量为 0.1 克／千克体重。后者用量为 0.01 克／千克体重，每天 1 次，连用 5 天。

〔方 2〕　长效磺胺＋乙胺嘧啶：内服，前者首次用量为 0.1 克／千克体重，维持量为 0.07 克／千克体重。后者用量为 0.01 克／千克体重，每天 1 次，连用 5 天。

〔方 3〕　磺胺甲氧吡嗪＋甲氧苄胺嘧啶：内服，前者首次用量为 0.1 克／千克体重，维持量为 0.07 克／千克体重。后者用量为 0.01 克／千克体重，每天 1 次，连用 5 天。

〔方 4〕　磺胺嘧啶钠：肌内注射，每次 0.1 克／千克体重，每天 2 次，连用 3 天。

〔方 5〕　双氢青蒿素片：内服，每只兔每天 10~15 毫克，连用 5~6 天。

〔方 6〕　蒿甲醚：肌内注射，用量为 6~15 毫克／千克体重，连用 5 天。

注意饲养管理人员个人防护。

十三、肺炎

本病是肺实质的炎症。根据受侵范围分为小叶性肺炎和大叶性肺炎。小叶性肺炎又可分为卡他性肺炎和化脓性肺炎。兔以卡他性肺炎较为多发，而且多见于幼兔。

【病因】 本病多因细菌感染所引起。当兔受寒或营养不良时，病原菌乘虚而入。常见的病原菌有多杀性巴氏杆菌、肺炎双球菌、葡萄球菌、棒状化脓杆菌等。误咽或灌药时不慎使药液误入气管，可引起异物性肺炎（图1-86）。

【临床症状与病理剖检变化】 精神不振，食欲减退或废绝。结膜潮红或发绀。呼吸急促、浅表，有不同程度的呼吸困难，严重时伸颈或头向上仰（图1-87）。咳嗽，鼻腔有黏液性或脓性分泌物。肺泡呼吸音增强，可听到湿性啰音。若治疗不及时，经过3~4天可因窒息死亡。剖检肺表面可见到大小不等、红色的肝样病变（图1-88）。有的病例肺部有大小不等、数量不一的脓疱（图1-89）。

图1-86 异物性肺炎：鼻腔流出白色鼻液，呼吸困难

图1-87 头向上仰的呼吸姿势

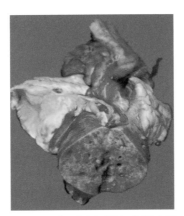

图1-88 肝脏大面积红色肝变区

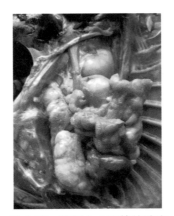

图1-89 肺部大小不等的脓疱

【预防】

1）加强饲养管理，提高兔抗病能力。

2）保证兔舍光照充足、通风、保暖，做到冬暖夏凉。

3）防止兔感冒。

【临床用药指南】治疗原则：加强护理，抑菌消炎，对症治疗。

（1）**加强护理** 治疗时，首先将病兔隔离在温暖、干燥与通风良好的环境中饲养，并给予营养丰富、易消化的饲料，自由饮水。

（2）**抑菌消炎**

［方1］ 青霉素、链霉素：青霉素2万~4万国际单位/千克体重，链霉素10~15毫克/千克体重，肌内注射，每天2次，两种药物联合应用效果更佳。

［方2］ 氨苄青霉素钠：10~20毫克/千克体重，肌内或静脉注射，每天2次。

［方3］ 双黄连注射液：30~50毫克/千克体重，肌内注射，每天1次。

（3）**对症治疗**

1）病兔咳嗽、有痰液时，可祛痰止咳。

［方1］ 频发咳嗽而分泌物不多时，可选用镇痛止咳剂。常用的有磷酸可待因，2毫克/千克体重，内服，每天2~3次，连服2~3天；咳必清（喷托维林），每次10~20毫升，内服，每天2次，连服3天。

［方2］ 痰多时，可应用氯化铵，每次每只0.15~0.3克，内服，每天3次，连服3~5天。

2）呼吸困难、分泌物阻塞支气管时，可应用支气管扩张药，如肌内注射氨茶碱，按5毫克/千克体重计算药量；为增强心脏机能，改善血液循环，可行补液、强心措施，如静脉注射5%葡萄糖液30~50毫升，强尔心注射液，皮下注射或肌内注射，0.1~0.2毫升/只；为制止渗出和促进炎性渗出物的吸收，可静脉注射10%葡萄糖酸钙注射液，每次0.5~1.5克，每天1次。

十四、感冒

本病是由寒冷刺激所致的以鼻黏膜或上呼吸道卡他性炎症为主的一种急性、全身性疾病，以发热、呼吸加快为特征。

【病因】突遭寒冷刺激（特别是贼风和穿堂风），兔舍潮湿、通风不良、气候突变、阴雨天剪毛受寒等均易发生本病。

【临床症状与病理剖检变化】精神沉郁，食欲减退，体温升高至40~41℃，咳嗽，鼻孔流出浆液性或黏液性鼻液，打喷嚏，结膜潮红。

【预防】

1）保持兔舍温度适宜，严防舍温大起大落。

2）气温突降时禁止断奶、转群。

3）降温、阴雨时禁止剪毛。

【临床用药指南】本病的治疗原则：解热镇痛，祛风散寒，防止继发感染。

［方1］ 解热镇痛：可每只兔肌内注射30%安乃近1~2毫升，也可用复方氨基比林或柴胡注射液1~2毫升，每天2次，也可口服复方阿司匹林0.25克，每天3次。

[方2]　祛风散寒：用白石清热冲剂（主要含白茅、板蓝根、蝉蜕等）3~5克，幼兔酌减，分2次口服。大群发病时可按1.5~2.0克/千克体重拌料喂兔，连用5~7天。

　　[方3]　病情严重者：每只兔肌内注射青霉素、链霉素各20万~40万单位，每天2次，或口服磺胺类药物。

第二章　消化系统疾病的鉴别诊断与防治

第一节　消化系统疾病的发生因素及感染途径

一、疾病的发生因素

（1）生物性因素　包括病毒（如轮状病毒等）、细菌（魏氏梭菌、大肠杆菌、沙门菌等）和寄生虫（如球虫、豆状囊尾蚴等）。

（2）化学性致病因素　主要有化学毒物（包括酸、碱、重金属等）、有机毒物（包括有机磷农药、氰化物等）和工业毒物（包括工业三废中的二氧化硫、硫化氢、一氧化碳等）。

（3）营养因素　兔生命活动所必需的营养物质主要包括能量、蛋白质、纤维素、脂肪、维生素、无机盐、水等。营养不足或过量都可能成为疾病发生的原因和条件。

（4）物理致病因素　主要包括温度、辐射、声音、机械力等。

二、疾病的感染途径

消化道黏膜表面是兔与环境间接触的重要部位，对各种微生物、化学毒物和物理刺激等有良好的防御功能。消化器官在生物性、物理性、化学性和机械性等因素的刺激下及其他组织器官疾病等的影响下，会削弱或降低消化道黏膜的屏障防御作用和机体的抵抗能力，导致外源性的病原菌、消化道常在病原（内源性）的浸入及大量繁殖，引起消化系统的炎症等病理变化，进而造成消化系统疾病的发生和传播。

第二节　消化系统疾病的诊断思路及鉴别诊断要点

一、诊断思路

粪便的异常是兔消化系统疾病的基本临床表现，客观上表现为粪便的多少、性状、性质和气味等。当兔群中出现以粪便异常为主要临床表现的病兔时，首先应考虑引起消化系统的原发性疾病，如大肠杆菌病、魏氏梭菌病等，同时考虑引起粪便异常的其他疾病，如伪结核病等。

观察粪便是诊断兔消化系统疾病的主要内容之一。正常的兔粪便大小如豌豆大，光滑均匀。若粪便干、硬、小或粪量减少甚至停止排粪，则可能患便秘、盲肠嵌塞等。粪便变形，但性质没有变化，可能是因饲养管理不当所致，如饲料中粗纤维比例过低、兔舍温度低、饲喂量过多等。粪便变稀、成堆呈酱色，可能是饲喂霉料饲料等有毒饲料所致。粪便稀且带有黏液、奇臭，可能患细菌性疾病，如大肠杆菌病、沙门菌病、魏氏梭菌病等；粪便变性、带有黏液呈顽固性腹泻，可能患寄生虫病，如球虫病等。

二、鉴别诊断要点

引起兔消化系统疾病的鉴别诊断要点见表 2-1。

表 2-1　兔消化系统疾病的鉴别诊断要点

疾病名称	病原/病因	发病特点	示病症状	剖检特征
魏氏梭菌病	A 型魏氏梭菌，也有 E 型魏氏梭菌等	各年龄兔均可感染	急性下痢，粪便带血或呈黑色胶冻样，或呈褐色水样，有腥臭味，很快死亡	剖开腹腔即可闻到腥臭味，胃黏膜有大小不一的溃疡斑和点。小肠、盲肠和结肠充满气体和黑绿色内容物，肠壁弥漫性充血、出血
大肠杆菌病	大肠杆菌	各年龄兔，1~4 月龄多发。一年四季均有易感性	病初粪便细小、呈两头尖的串状，外包有浅黄色胶冻样黏液。后期水泻，粪便呈黄色或棕色	胃、十二指肠充满气体、黏液；回肠、结肠充满透明胶冻样黏液
仔兔黄尿病	仔兔吃患乳腺炎母兔的奶引起	本病发生无季节性，发生于哺乳仔兔	同窝仔兔相继或同时发病，仔兔肛门四周和后肢被毛潮湿、黄染、腥臭，病程 2~3 天，死亡率高	出血性小肠炎，膀胱因积尿而极度扩张
兔副伤寒	鼠伤寒沙门菌和肠炎沙门菌	本病多发生于断奶前后仔兔和青年兔。主要通过消化道感染	幼兔多表现急性腹泻，粪便带有胶冻样黏液或清似水，体温升高至 41℃，不食，渴欲增强，很快死亡	内脏充血、出血，淋巴结肿大，肠壁可见灰白色结节或坏死灶，肝有小坏死灶，脾脏肿大

疾病名称	病原/病因	发病特点	示病症状	剖检特征
绿脓杆菌病	绿脓杆菌	各年龄兔均易感，但幼兔多发	食欲下降或拒食，呼吸困难，体温升高，血样下痢。出现血痢24小时左右死亡	肠道尤其是十二指肠、空肠黏膜出血，肠腔内充满血样液体，多数胃也有血样液体。腹腔内有大量液体。脾脏肿大，呈樱桃红色。有的在肺部等形成脓疱，脓疱内液体呈浅绿色或灰褐色黏稠状
泰泽氏病	梭状芽孢杆菌	以6~12周龄的兔发病率最高	发病急，以严重的水泻和后肢沾有粪便为特征。病兔精神沉郁，不食，迅速脱水。死亡多在出现临床症状后12~48小时	盲肠、回肠后端、结肠前段浆膜面充血、出血，充满褐色水样内容物。肝脏实质有灰白色至灰红色坏死灶。有的心肌内有灰白色至浅黄色条纹病灶，尤其是心尖附近
嗜水气单胞菌病	嗜水气单胞菌	各年龄兔均易感，但幼兔多发	腹泻，粪便呈乳白色	盲肠黏膜弥漫性出血。腹膜炎，腹水；腹腔内脏器官表面附有灰白色纤维素伪膜
伪结核病	伪结核耶尔森氏菌	各年龄兔一年四季均易感	食欲下降，精神沉郁，慢性腹泻，胶样性粪便，体温升高，呼吸困难，渐进性消瘦	圆小囊和蚓突肿大、肥厚、变硬如小香肠，其浆膜下有无数灰白色乳脂样大的小结节，脾脏增大3~5倍，上面有大小不等、黄白色结节
兔传染性水疱口炎（流涎病）	传染性水疱口炎病毒	本病多发于春、秋季，主要侵害1~3月龄的仔兔，青年兔、成年兔发病率较低	口腔黏膜发生水疱性炎症，并伴随大量流涎。病兔食欲下降或废绝，精神沉郁，消化不良，常发生腹泻，日渐消瘦，虚弱或死亡	口腔黏膜潮红、充血，随后出现粟粒至扁豆大的水疱
兔轮状病毒病	轮状病毒	主要发生在2~6周龄仔兔，尤以4~6周龄仔兔最易感，发病死亡率也最高	昏睡、食欲下降或废绝。排出半流体或水样粪便。多数于腹泻后2天内死亡。青年兔、成年兔常呈隐性感染而带毒，多数不表现症状	空肠、回肠黏膜充血、水肿，肠内容物稀薄，镜检见绒毛呈多灶性融合和中度缩短或变钝，肠细胞扁平
流行性腹胀病	目前尚不清楚	各年龄兔均易感，但幼兔多发	食欲下降，腹胀、腹泻，3天开始死亡，5天死亡达到高峰	胃膨胀，胃内容物稀薄或呈水样，小肠内有气体和液体。盲肠内充气，内容物较多
球虫病	兔球虫	一年四季发病，以炎热梅雨季节多发	食欲减退，喜卧，贫血，消瘦，尿频，顽固性下痢和腹围增大等	卡他性出血或坏死性肠炎。慢性者肠黏膜有许多白色结节
豆状囊尾蚴病	豆状囊尾蚴	呈世界性分布。有饲养犬的兔场发病率高	轻度感染一般无明显症状。大量感染时可导致肝炎和消化障碍等表现	剖检可见囊尾蚴一般寄生在肠系膜、大网膜、肝脏表面等处的浆膜上，数量不等，状似小水泡或石榴籽。虫体导致肝纤维化和坏疽的发生
棘球蚴病	细粒棘球绦虫的幼虫	犬的粪便污染兔用饲料和饮水而感染本病	消瘦、黄疸、消化功能紊乱，严重者表现腹泻，迅速死亡	剖检可见肝脏形成豌豆至核桃大的囊泡，切开流出黄色液体，切面残留圆形腔洞，囊壁较厚，内膜上有白色颗粒状头节

疾病名称	病原／病因	发病特点	示病症状	剖检特征
肝片吸虫病	肝片吸虫	呈世界性分布，以青饲料为主的兔发病率和死亡率高	急性型，腹痛、腹泻、黄疸，很快死亡；慢性型，消化紊乱，便秘、腹泻交替出现，逐渐消瘦，衰竭死亡	胆管壁粗糙增厚，呈绳索样凸出于肝脏表面，内含糊状物和虫体。严重病例可见到肝硬化
血吸虫病	日本分体吸虫	我国多发于长江流域和南方地区。通过食入带尾蚴的青草而感染发病	少量感染无明显症状。大量感染表现腹泻、便血、消瘦、贫血，严重时出现腹水过多，最后死亡	可见肝脏和肠壁有灰白色或灰黄色结节。慢性病例表现肝硬化，体积缩小，硬度增加，用刀不易切开
栓尾线虫病	兔栓尾线虫	各年龄兔一年四季均易感	病兔心神不定，用嘴啃肛门处，采食、休息受影响，食欲下降，精神沉郁，被毛粗乱，逐渐消瘦，下痢，可发现粪便中有乳白色的线虫	剖检可见盲肠或结肠前段内有栓尾线虫，严重感染兔，肝脏、肾脏呈土黄色
肝毛细线虫病	肝毛细线虫	呈世界性分布，宿主主要是啮齿类动物	无明显的症状，仅表现为消瘦，食欲降低，精神沉郁	肝脏肿大，表面和实质中有纤维性结缔组织增生，有黄色条纹状或斑点状结节，结节周围有坏死灶
隐孢子虫病	隐孢子虫	呈世界性分布。隐孢子虫的宿主范围广泛	间歇性腹泻、脱水、厌食、渐进性消瘦和减重	典型的肠炎病变，小肠黏膜充血。十二指肠和空肠菲薄，黏膜充血，肠系膜淋巴结轻度肿大
盲肠嵌塞	病因不十分清楚，但与粗纤维饲料不足、霉变饲料和自主神经异常等有关	在幼兔中比在成年兔中发生得多	病兔采食减少或停止，腹围增大，用手触摸腹部，盲肠有硬的内容物	剖检可见盲肠内容物呈现硬、干性状，肠壁菲薄
腹泻	饲料配方不合理、饲料质量差、突然更换饲料、兔舍温度低等均可引起本病	断奶前后的仔、幼兔发生率较高	病兔精神沉郁，食欲不振或废绝。饲料配方和饲养管理不当引起的腹泻，病初粪便只是稀、软，但粪便性质未变，如果控制不当，就会诱发细菌性疾病，如下痢等	胃肠道呈卡他性炎症时，肠黏膜增厚、充血；胃肠道发生胃肠炎时，可见肠黏膜脱落、出血，肠壁变薄
胃溃疡	应激，感染魏氏梭菌，霉菌毒素中毒等	各种品种、年龄的兔均可发生，围产期的母兔多发	精神不振、厌食、腹泻，迅速死亡	可见胃溃疡，多数在胃底部，个别溃疡发生在幽门区域，并且多数有胃黏膜穿孔
胃扩张	由某些类型的胃肠道梗阻所引起的	各品种、年龄兔均可发病，幼兔多发	腹部膨大，腹痛剧烈	胃体积明显增大，内容物变臭，胃黏膜脱落
便秘	误食兔毛及其他异物、饲料配比不当或其他热性病、肠胃弛缓等均可引起本病	各品种、年龄兔均可发病	初期，食欲减退，喜欢饮水，粪便干、小、两头尖、硬，头颈弯曲，回顾腹部，用嘴啃肛门。后期停止排便，腹部膨大，用手触摸可触摸到有干硬的粪球颗粒，并有明显的触痛	剖检发现结肠和直肠内充满干硬成球的粪便，前部肠管积气

第三节 常见疾病的鉴别诊断与防治

一、魏氏梭菌病

魏氏梭菌病又称为梭菌性肠炎，主要是由 A 型魏氏梭菌及其产生的外毒素引起的一种死亡率极高的致死性肠毒血症，以泻出大量水样粪便，导致迅速死亡为特征，是目前危害养兔业的主要疾病之一。

【流行特点】 不同年龄、品种、性别的兔均易感染本病。一年四季均可发生，但以冬、春两季发病率最高。各种应激因素均可诱发本病，如长途运输、青饲料和粗饲料短缺、饲料配方突然更换（尤其从低能量、低蛋白质向高能量、高蛋白质饲料转变）、长期饲喂抗生素、气候骤变等。消化道是主要传播途径。

【临床症状与病理剖检变化】 急性腹泻。粪便有特殊腥臭味，呈黑褐色或黄绿色水样，污染肛门等部（图 2-1～图 2-3）。轻摇兔体可听到"咣、咣"的拍水声。有水泻的病兔多于当天或次日死亡。流行期间也可见无下痢症状即迅速死亡的病例。胃多胀满，黏膜脱落，有出血斑点和溃疡（图 2-4～图 2-7）。小肠壁充血、出血，肠腔充满含气泡的稀薄内容物（图 2-8）。盲肠黏膜有条纹状出血，内容物呈黑色或黑褐色水样（图 2-9 和图 2-10）。心脏表面血管怒张，呈树枝状（图 2-11）。有的膀胱积有茶色或蓝色尿液（图 2-12）。

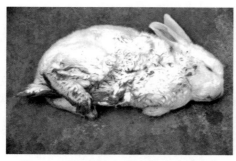

图 2-1 幼兔尾部、腹部沾有水样粪便

图 2-2 腹部膨大，水样粪便污染肛门
周围及尾部（成年兔）

【类症鉴别】

（1）**与大肠杆菌病的鉴别** 大肠杆菌病主要发生于断奶前后的仔、幼兔，病兔剧烈腹泻，粪便呈浅黄色至棕色水样，粪上常常有大量明胶样黏液，两头尖的干粪外面有一层胶冻样物。剖检可见小肠肠腔内充满浅黄色带泡沫液体，胃无溃疡斑，盲肠浆膜下无出血斑点等。青年兔、成年兔感染大肠杆菌，可维持较长时间而不死亡，大肠杆菌病用抗生素有减缓症状和治愈作用，这些特征与魏氏梭菌病不同。确诊可将肠内容物做涂片染色镜检及细菌分离培养进行鉴定。

图2-3　腹部、肛门周围和后肢被毛被水样稀粪或黄绿色粪便污染

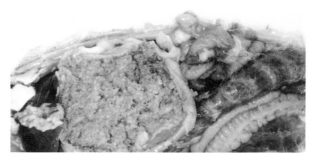

图2-4　胃内充满食物，黏膜脱落

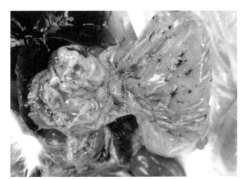

图2-5　胃黏膜脱落，有大量出血斑点

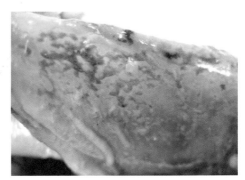

图2-6　胃黏膜有许多浅表性溃疡

图2-7　通过胃浆膜可见到胃黏膜有大小不等的黑色溃疡斑点

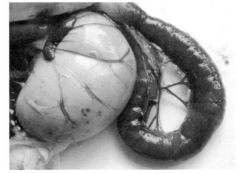

图2-8　小肠壁充血、出血，肠腔充满气体和稀薄内容物

（2）**与泰泽氏病的鉴别**　见泰泽氏病。

（3）**与球虫病的鉴别**　急性球虫病绝大多数发生于断奶前后的仔、幼兔，成年兔不发生死亡。病兔粪便稀烂，不带血色。剖检可见肠黏膜增厚、充血，小肠肠腔充满大量黏液和气体；肝脏上有大小不等的白色至浅黄色结节；肠型蚓突黏膜有白色结节；盲肠浆膜无出血斑；胃黏膜无溃疡病灶，与魏氏梭菌病完全不同。

图 2-9　盲肠有出血性条纹（妊娠母兔）

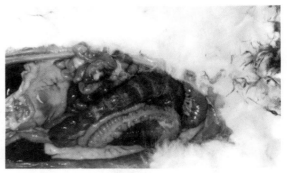

图 2-10　盲肠浆膜出血，呈横向红色带带形

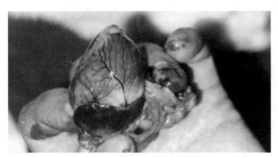

图 2-11　心脏表面血管怒张，呈树枝状

图 2-12　膀胱积尿，尿液呈蓝色

（4）**与沙门菌病的鉴别**　沙门菌病多发生于断奶前后的仔、幼兔和青年兔，病兔多呈顽固性下痢，粪便稀烂，常常有胶冻样黏液，体温升高，消瘦。剖检可见空肠、回肠、盲肠和蚓突黏膜有弥漫性或散在性灰白色、粟粒大的坏死灶；肝脏有散在性或弥漫性针头大坏死灶；母兔发生子宫炎，胎儿发育不全或木乃伊化。这些病变与魏氏梭菌病完全不同。可从病兔的血液及各脏器分离出沙门氏菌。

（5）**与溶血性链球菌病的鉴别**　患溶血性链球菌病的兔常呈间歇性下痢，体温升高，呼吸困难，粪便无恶腥臭味等，与魏氏梭菌病临床症状不同。溶血性链球菌病除了呼吸系统炎症和化脓灶外，皮下和肠道黏膜出血，而盲肠浆膜无出血斑点，胃无溃疡病变。确诊可将病料进行细菌分离鉴定。

【预防】

（1）**加强饲养管理**　饲料中应有足够的木质素（大于或等于 5%），变化饲料逐步进行，减少各种应激（如转群、更换饲养人员等）的发生。

（2）**规范用药**　治疗用药时要注意抗生素种类、剂量和时间。禁止口服林可霉素、克林霉素、阿莫西林、氨苄西林等抗生素。

（3）**预防接种**　兔群定期皮下注射 A 型魏氏梭菌灭活苗，每年 2 次，每次 2 毫升。据报道，给 4 周龄的兔接种疫苗，效果很好，2 周后进行第 2 次接种，效果更好。

【临床用药指南】　本病治疗效果差。发生本病后，及时隔离病兔，对病兔兔笼及周围环境进行彻底消毒。在饲料中增加粗饲料比例或增加饲喂青干草的同时，必须采取以下措施。

[方1] 魏氏梭菌疫苗：对无临床症状的兔紧急注射魏氏梭菌疫苗，剂量加倍。

[方2] A 型魏氏梭菌高免血清：2~3 毫升/千克体重，皮下、肌内或静脉注射。

[方3] 二甲基三哒唑：每千克饲料添加 500 毫克，效果较好。

[方4] 金霉素：肌内注射，20~40 毫克/千克体重，每天 2 次，连用 3 天；也可将金霉素 22 毫克拌入 1 千克饲料中喂兔，连喂 5 天，可预防本病。

[方5] 红霉素：肌内注射，20~30 毫克/千克体重，每天 2 次，连用 3 天。

[方6] 甲硝唑+来烯胺：按照说明用药。甲硝唑用以杀死厌氧菌，来烯胺用来吸收肠毒素。

在使用抗生素的同时，也可在饲料中加入活性炭、维生素 B_2 等辅助药物。

在以上方法的基础上，配合对症治疗，如腹腔注射 5% 葡萄糖生理盐水进行补液，口服食母生（即干酵母，每只 5~8 克）和胃蛋白酶（每只 1~2 克），疗效更好。

以上治疗对患病初期效果较好，患病晚期无效。

二、大肠杆菌病

大肠杆菌病是由一定血清型的致病性大肠杆菌及其毒素引起的一种暴发性、死亡率很高的仔、幼兔肠道传染病。本病的特征为水样或胶冻样粪便及脱水，是断奶前后兔致死的主要疾病之一。

【流行特点】 本病一年四季均可发生，主要危害初生和断奶前后的仔、幼兔，成年兔发病率低。正常情况下，大肠杆菌不会出现在兔的肠道微生物区系，或者只有少量存在。当某些情况下，如遇饲养管理不良（如饲料配方突然变换、饲喂量突然增加、采食大量冷冻饲料和多汁饲料、断奶方式不当等）、气候突变等应激因素时，肠道正常菌丛活动受到破坏，致病性大肠杆菌数量急剧增加，其产生的毒素大量积累，从而引起腹泻。兔群一旦发生本病，常因场地、兔笼的污染而引起大流行，造成仔、幼兔大量死亡。第一胎仔兔发病率和死亡率较高，其他细菌（如魏氏梭菌、沙门菌等）、轮状病毒、球虫病等也可诱发本病。

【临床症状与病理剖检变化】 以下痢、流涎为主。最急性的未见任何症状而突然死亡，急性的 1~2 天内死亡，亚急性的 7~8 天死亡。病兔体温正常或稍低，待在笼中一角，四肢发冷，发出磨牙声（可能是疼痛所致），精神沉郁，被毛粗乱，腹部膨胀（因肠道充满气体和液体）。病初有黄色胶冻样黏液和附着有该黏液的干粪排出（图 2-13 和图 2-14）。有时带黏液粪球与正常粪球交替排出，随后出现黄色水

图 2-13 病兔排出大量浅黄色胶冻样黏液和干粪球

样稀粪或白色泡沫（图2-15）。主要病理变化为胃肠炎，小肠内含有较多气体和浅黄色的黏液，大肠内有黏液样分泌物，也可见其他病变（图2-16~图2-23）。

图2-14　排出黄色胶冻样黏液

图2-15　流行期，用手挤压肛门仅排出白色泡沫

图2-16　小肠内充满气泡和浅黄色黏液

图2-17　肠腔内黏液呈浅黄色

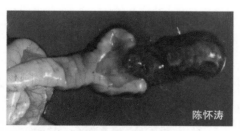

图2-18　结肠剖开时有大量胶冻样物流出（↑），粪便被胶冻样物包裹

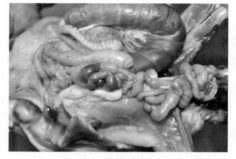

图2-19　肠道内充满泡沫及浅黄色黏液，盲肠壁有出血点

【类症鉴别】

（1）**与球虫病的鉴别**　球虫病引起的腹泻，将粪便或肠内容物涂片镜检，可见大量的球虫卵囊或裂殖子存在，可加以区别。

（2）**与沙门菌病的鉴别**　沙门菌病病兔的肝脏有散在性或弥漫性、针头大、灰白色的坏死灶，且蚓突黏膜有弥漫性浅灰色、粟粒大的特征性病灶，可与大肠杆菌病区别。

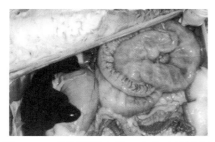

图 2-20 盲肠黏膜水肿、充血（成年兔）

图 2-21 盲肠黏膜水肿，色暗红，附有黏液 （成年兔）

图 2-22 胃臌气、膨大，小肠内充满半透明、黄绿色胶冻样物（哺乳仔兔）

图 2-23 肝脏表面可见黄白色小点状坏死灶

（3）**与泰泽氏病的鉴别** 泰泽氏病病兔的粪便呈褐色水样，特征性变化是肝脏尤其是肝门脉区附近肝小叶和心肌有灰白色，针头大或条状的病灶，可与大肠杆菌病区别。

（4）**与轮状病毒的鉴别** 轮状病毒腹泻主要危害 2~6 周龄的仔兔，成年兔呈隐性感染。小肠充血，黏膜有大小不一的出血斑点，小肠绒毛萎缩，上皮细胞脱落。盲肠扩张，内含大量液状内容物，从病料中不能分离出细菌或寄生虫。

【预防】

（1）**减少各种应激** 仔兔断奶前后不能突然改变饲料，提倡原笼原窝饲养，饲喂要遵循"定时、定量、定质"原则，春、秋季要注意保持兔舍温度的相对恒定。

（2）**注射疫苗** 20~25 日龄仔兔皮下注射大肠杆菌灭活苗。用本场分离的大肠杆菌制成的菌苗预防注射，效果更好。

【临床用药指南】

在用药前最好先对病兔分离到的大肠杆菌做药敏试验，选择较敏感的药物进行治疗。

[方1] 庆大霉素：每只兔 1 万 ~2 万单位，肌内注射，每天 2 次，连用 3~5 天；

也可在饮水中添加庆大霉素。

[方2] 5% 诺氟沙星：肌内注射，0.5 毫升 / 千克体重，每天 2 次。

[方3] 硫酸卡那霉素：肌内注射，25 万单位 / 千克体重，每天 2 次。

[方4] 痢特灵（呋喃唑酮）：内服，15 毫克 / 千克体重，每天 3 次，连用 4~5 天。

[方5] 磺胺脒 100 毫克 / 千克体重、痢特灵 15 毫克 / 千克体重、酵母片 1 片，混合口服，每天 3 次，连用 4~5 天。

使用抗生素后，可使用促菌生菌液，每只兔 2 毫升（约 10 亿活菌），口服，每天 1 次，连用 3 次。

配合对症治疗，可在皮下或腹腔注射葡萄糖生理盐水或口服生理盐水等，以防脱水。

三、仔兔黄尿病

仔兔黄尿病又称为仔兔急性肠炎，主要是由于仔兔食入患乳腺炎母兔的乳汁而引起的一种疾病，以仔兔急性肠炎为主要特征。

【病因】 患金黄色葡萄球菌病乳腺炎母兔的乳汁中含有一种肠毒素，仔兔吸吮后即可诱发本病。

【流行特点】 本病发生无季节性，主要发生在产仔季节。仔兔食入乳腺炎母兔的乳汁即可发病。

【临床症状与病理剖检变化】 病兔以急性肠炎为主要症状。一般同窝仔兔全部发病或相继发病，仔兔肛门四周和后肢被黄色稀粪污染（图 2-24 和图 2-25），昏睡，不食，死亡率高。剖检可见出血性胃肠炎病变（图 2-26 和图 2-27）；膀胱极度扩张并充满尿液（图 2-28），氨臭味极浓。

图 2-24 同窝仔兔同时发病，仔兔后肢被黄色稀粪污染

图 2-25 肛门四周和后肢被毛被稀粪污染

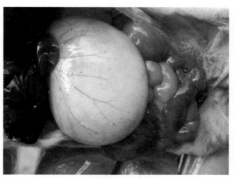

图 2-26 胃内充满食物（乳汁），浆膜出血，小肠壁瘀血、色红

图 2-27　肠浆膜有大量出血点，小肠
内充满浅黄色黏液

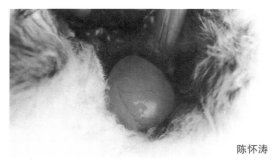

陈怀涛

图 2-28　膀胱扩张，充满尿液

【预防】 预防本病的发生，关键在于防止乳腺炎症的发生，若发现母兔患有乳腺炎，应立即隔离治疗，停止仔兔吮乳，让其他母兔代为喂奶或人工喂养。

【临床用药指南】

［方1］ 青霉素：仔兔患病初期，肌内注射，每只 5000~10000 单位，每天 2 次，连续数天；母兔肌内注射 10 万单位，每天 2 次，连用 3 天。

［方2］ 磺胺嘧啶或长效磺胺：口服，每天 1 次，每次每只兔 2~3 滴。

对母兔和患病仔兔同时治疗。应在早期进行治疗，患病中后期的兔治疗效果不佳。

四、兔副伤寒

兔副伤寒主要由鼠伤寒沙门菌和肠炎沙门菌引起的一种消化道的传染病，以败血症和急性死亡并伴有下痢为特征。断奶前后的仔兔发病率和死亡率最高。

【流行特点】 本病多发生于断奶前后仔、幼兔。仔兔发病率可达 92%，致死率为 96%。感染途径主要是消化道。健康的兔接触被病兔、带菌兔和其他感染动物的排泄物污染的饲料、饮水、环境及饲养员后都可引起感染。此外，野生啮齿动物、苍蝇也是本病的传播者。

【临床症状与病理剖检变化】 个别不显症状而突然死亡。幼兔多表现急性腹泻，粪便带有胶冻样黏液或清似水，体温升高至 41℃，不食，渴欲增强，很快死亡。

剖检可见内脏充血、出血，淋巴结肿大，肠壁可见灰白色结节或坏死灶，肝脏有小坏死灶，脾脏肿大（图 2-29~ 图 2-32）。

【类症鉴别】

与绿脓假单胞菌病的鉴别 患绿脓假单胞菌病的兔，粪便稀、呈褐色，胃和小肠肠腔内充满血样内容物，肺上有点状出血，肝脏无坏死病灶等，以此进行鉴别诊断。

【预防】

1）加强饲养管理，增强兔体抗病力。

2）定期对兔舍、用具进行消毒。彻底消灭老鼠和苍蝇。

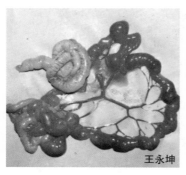

图 2-29　肠瘀血
（肠壁瘀血、暗红、肠系膜血管充血、
怒张，肠腔内充满含气泡的稀糊状内
容物）

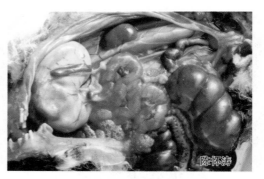

图 2-30　小肠壁淋巴集结增生、肿大
［肠壁瘀血，淋巴集结增生、呈灰白色颗粒状（↑），
肠腔内充满含气泡的稀糊状内容物］

图 2-31　盲肠蚓突淋巴小结增生、坏死
［盲肠蚓突（图中部）淋巴组织增生，有呈粟
粒大、灰黄色结节或坏死灶］

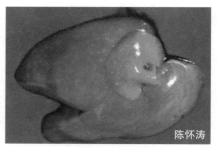

图 2-32　肝脏表面散在灰黄色小结节
或坏死灶

　　3）定期用鼠伤寒沙门菌诊断抗原普查带菌兔，对阳性者要隔离治疗，无治疗效果
者严格淘汰。

【临床用药指南】　治病可根据药敏试验选择用下列药物。

　　［方 1］　合霉素：20~50 毫克 / 千克体重，每天 2 次，连用 3 天。

　　［方 2］　土霉素：50 毫克 / 千克体重，内服，每天 2 次，连用 3~5 天；或 20~25
毫克 / 千克体重，肌内注射，每天 1~2 次，连用 3~4 天。

　　［方 3］　复方新诺明：口服，20~25 毫克 / 千克体重，每天 2 次。

　　［方 4］　乳酸环丙沙星：肌内注射，5 毫克 / 千克体重，每天 2 次；或用环丙沙星
纯粉 1 克加水 40 升饮服。

　　［方 5］　大蒜汁：内服，每次每只兔 1 汤勺，每天 3 次，连用 7 天。

　　［方 6］　中药方剂 1：黄连 3 克、黄芩 6 克、黄檗 6 克、马齿苋 9 克，水煎汁口服，
连用 2~3 天，有一定疗效。

　　［方 7］　中药方剂 2：车前草、鲜竹叶、马齿苋、鱼腥草各 15 克，煎水拌料喂服
或用其鲜草喂食。

五、绿脓杆菌病

绿脓杆菌病又称为绿脓假单胞菌病，是由绿脓假单胞菌引起人和动物共患的一种散发性传染病。病兔主要表现败血症，皮下与内脏脓肿及出血性肠炎。

【流行特点】 患病与带菌动物的排泄物和分泌物所污染的饲料、饮水和用具是本病主要传染源。消化道、呼吸道和伤口是主要感染途径。发病不分年龄和季节。不合理使用抗生素可诱发本病。

【临床症状与病理剖检变化】 病兔精神沉郁，食欲减退或废绝，呼吸困难，体温升高，下痢，拉出褐色稀便，一般在出现下痢24小时左右死亡。慢性病例有腹泻表现，有的出现皮肤脓肿，脓液呈黄绿色或灰褐色黏液状，有特殊气味（图2-33）。偶尔可见到化脓性中耳炎病变。剖检：急性无特异性病变；慢性主要见皮下、内脏等部的脓肿或化脓性炎症，以及腹泻和出血性肠炎（图2-34和图2-35）。

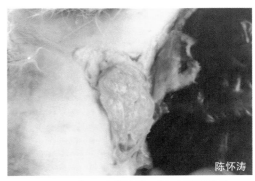

图 2-33 皮下形成脓肿，脓肿界限清楚，有包囊，脓液呈黄绿色

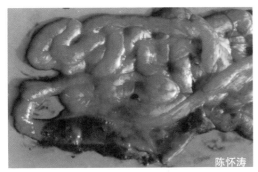

图 2-34 肠黏膜充血、出血，肠腔中有大量血样内容物

图 2-35 肠腔内充满血液

【类症鉴别】

（1）**与魏氏梭菌病的鉴别** 本病的粪便无恶腥味，胃浆膜下无黑色溃疡，盲肠浆膜下无鲜红色出血斑，胃和小肠内有血样分泌物；而魏氏梭菌病胃黏膜有黑色溃疡斑点，盲肠浆膜有鲜红色出血斑，胃和小肠无血样分泌物。本病脾脏肿大、呈粉红色，肺有点状出血；而魏氏梭菌病无此病变特征。

（2）**与泰泽氏病的鉴别** 本病盲肠、肝脏和心肌无坏死病灶，而胃和小肠肠腔内有血样内容物，脾脏肿大，肺有点状出血等特征病变，与泰泽氏病完全不同。进一步确诊可将病料接种于鲜血琼脂平皿培养基，若呈溶血的菌落，菌落及周围培养基呈蓝绿色，即为绿脓假单胞菌，阴性者为毛样芽孢杆菌。

【预防】

1）加强兔群日常饮水和饲料卫生，防止水源和饲料被污染。

2）做好兔场防鼠灭鼠工作。

3）有病史的兔群可用绿脓假单胞菌苗进行预防注射，每只1毫升，皮下注射，每年注射2次。

【临床用药指南】

[方1] 多黏菌素：肌内注射，1万单位/千克体重，每天2次，连用3~5天。

[方2] 新霉素：肌内注射，2万~3万单位/千克体重，每天2次，连用3~5天。

[方3] 庆大霉素：肌内注射，2万~4万单位/千克体重，每天2次，连用3~5天。

[方4] 羧苄青霉素：肌内注射，20万~40万单位/千克体重，每天2次，连用3天。

[方5] 复方新诺明：口服，200毫克/千克体重，每天2次。

[方6] 郁金2克、白头翁2克、黄檗2克、黄芩2克、黄连1克、栀子2克、白芍2克、大黄1克、诃子1克、甘草1克，共研细末，开水冲半小时后拌料，预防用量为每天1克/千克体重，治疗量为每天2克/千克体重。

六、泰泽氏病

泰泽氏病是一种以严重下痢、厌食、脱水、嗜睡和死亡为特征的疾病，病原菌为梭状芽孢杆菌，死亡率可高达90%以上。

【流行特点】 兔和其他动物均可感染。经消化道感染。主要侵害6~12周龄兔，秋末至春初多发。低纤维饲料、过热、拥挤、饲养管理不当等应激会诱发本病。应用磺胺类药物治疗其他疾病时，因干扰了胃肠道内微生物的生态平衡，也易导致本病的发生。

【临床症状与病理剖检变化】 发病急，以严重的水泻和后肢沾有粪便为特征（图2-36）。病兔精神沉郁，不食，迅速全身脱水而消瘦，于1~2天内死亡。少数耐过者，长期食欲不振，生长停滞。剖检可见坏死性盲肠结肠炎，回肠后段与盲肠前段浆膜明显出血（图2-37和图2-38）、肝脏形成坏死灶（图2-39）及坏死性心肌炎（图2-40）。

陈怀涛

图2-36 后肢被毛沾有大量稀粪

【类症鉴别】

（1）与魏氏梭菌性肠炎的鉴别 魏氏梭菌性肠炎的粪便呈带血胶冻样或黑色、褐色稀粪，胃黏膜和盲肠浆膜多处有溃疡斑和出血斑等特征性临床症状及病变，这些症状和病变泰泽氏病没有，通过肠内容物涂片，革兰氏染色，镜检可见有革兰阳性大杆菌，鲜血琼脂厌氧培养呈双溶血圈的菌落。

图 2-37　盲肠浆膜大片出血

范国雄

图 2-38　结肠浆膜出血，呈喷洒状，并见纤维素附着，肠壁水肿，肠腔内充满褐色水样粪便

范国雄

图 2-39　肝表面和实质均见许多斑点状、灰黄色坏死灶

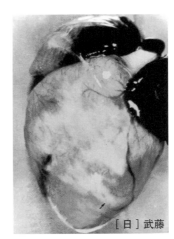

[日] 武藤

图 2-40　心肌坏死：心肌有大片灰白色坏死区，其界限较明显（↑）

（2）**与副伤寒的鉴别**　由沙门菌引起的副伤寒，病兔以肝脏有针头大、散在性或弥漫性、灰白色病灶及蚓突黏膜有弥漫性、浅灰色、粟粒大的结节为特征性病变，泰泽氏病没有上述病理变化。

（3）**与大肠杆菌病的鉴别**　见大肠杆菌病。

【预防】　目前尚无疫苗预防。

1）加强饲养管理，注意清洁卫生。做好兔的排泄物管理，对粪污应进行发酵处理。

2）适当提高饲料中的粗纤维水平。

3）消除各种应激因素，如过热、拥挤等。

【临床用药指南】

［方1］　土霉素：患病早期用 0.006%~0.01% 土霉素供病兔饮用。

　　［方2］ 硫酸链霉素：肌内注射，10~15 毫克 / 千克体重，每天 2 次，连用 2~3 天。

　　［方3］ 盐酸四环素：静脉注射，5~10 毫克 / 千克体重，每天 2 次，连用 2~3 天。

　　［方4］ 青霉素：肌内注射，2 万 ~4 万单位 / 千克体重，每天 2 次，连用 3~5 天。

　　［方5］ 金霉素：40 毫克 / 千克体重，于 5% 葡萄糖中静脉注射，每天 2 次，连用 3 天。

　　治疗无效时，应及时淘汰，并对兔笼、环境用 1% 过氧乙酸或 3% 次氯酸进行消毒。

七、伪结核病

　　伪结核病是由伪结核耶尔森氏菌引起的一种慢性消耗性疾病。兔及多种哺乳动物、禽类和人，尤其是啮齿动物鼠类都能感染发病。本病的特征性病变是内脏淋巴形成坏死结节，这种病变和结核病的结节相似，故称为伪结核病。

　　【流行特点】 本菌在自然界广泛存在，啮齿动物是本病菌的贮存所。主要经消化道，也可由皮肤伤口、交配和呼吸道而感染。多呈散发，偶尔为地方性流行。

　　【临床症状与病理剖检变化】 病兔主要表现为腹泻、消瘦，经 3~4 周死亡。剖检可见盲肠蚓突、圆小囊、肠系膜淋巴结与脾脏等内脏器官有粟粒状、灰白色坏死结节形成（图 2-41~图 2-43）。偶有败血症而死亡的病例。

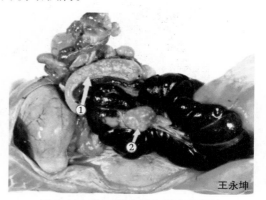
王永坤

图 2-41 盲肠蚓突①和圆小囊②的粟粒状坏死结节

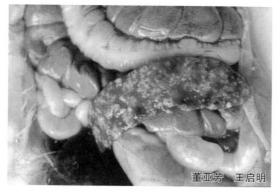
董亚芳 王启明

图 2-42 脾脏的坏死结节
（脾脏高度增大，有密集的针头大至粟粒大的坏死结节）

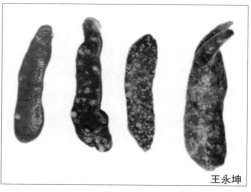
王永坤

图 2-43 四个脾脏中均有数量不等、大小不一的坏死结节

【类症鉴别】

（1）**与结核病的鉴别** 结核病的结核结节极少发生于圆小囊和盲肠蚓突浆膜下，且结核灶坚硬。结核杆菌为革兰阳性，有抗酸染色特性。

（2）**与球虫病的鉴别** 慢性肠球虫病，肠黏膜有数量不等的黄白色、粟粒大小的结节，肝脏、脾脏、肾脏、肠系膜淋巴结等器官无结节病灶，可作为区别。肝型球虫病，在肝脏表面和实质（尤其胆管沿线）有大小不等、形态不一的浅黄色脓样结节，胆管壁增厚，结缔组织增生。取上述肠或肝脏结节内容物涂片镜检，若发现大量球虫卵囊即可鉴别。

（3）**与副伤寒的鉴别** 副伤寒虽在盲肠、结肠黏膜及肝脏有弥漫性灰白色、粟粒大病灶，但脾脏、蚓突和圆小囊浆膜下无病灶出现，可作为鉴别诊断的主要依据。确诊可将病料接种于麦康凯培养基，将分离的细菌做生化和血清学鉴定。

（4）**与李氏杆菌病的鉴别** 李氏杆菌病坏死灶主要位于肝脏、心脏、肾脏等位置，而不在盲肠蚓突、圆小囊和淋巴结，也可见脑膜炎和化脓性子宫内膜炎病变。

（5）**与野兔热的鉴别** 野兔热其针尖、粟粒或更大的化脓坏死结节主要分布在全身淋巴结和肝脏、脾脏、肾脏，而不在盲肠蚓突和圆小囊。

【预防】 本病以预防为主，发现可疑病兔后立即淘汰，消毒兔舍和用具，加强卫生和灭鼠工作。同时注意人身保护。注射伪结核耶尔森氏多价灭活苗，每只兔皮下注射 1 毫升，每年注射 2 次，可控制本病的发生。

【临床用药指南】 本病无可靠有效方法，对病兔一般不做治疗，随时进行淘汰。可试用下列药物治疗。

[方1] 链霉素：肌内注射，20 毫克 / 千克体重，每天 2 次，连用 3~5 天。

[方2] 四环素片：内服，每次每只兔 1 片（0.25 克），每天 2 次，连用 3~5 天。

八、兔螺旋梭菌病

兔螺旋梭菌病是由螺旋形梭状芽孢杆菌引起的以急性腹泻为特征的传染病。

【流行特点】 不同年龄的兔均可发病，但以刚断奶的幼兔最易感染。成年兔患病多因使用克林霉素一类抗生素，使肠道中的正常细菌区系遭到破坏，引起肠道内生态失衡，螺旋形梭状芽孢杆菌迅速生长繁殖并产生毒素，导致致命的肠毒血症。

【临床症状与病理剖检变化】 本病的临床特征是急性腹泻，无任何先兆症状而死亡。死前仅能表现厌食、精神沉郁，肛门、后肢等沾有粪便，粪便呈黑色（或褐色）液体状（或带血）。剖检可见胃黏膜脱落；盲肠明显膨大，内有黑色液体和气体，盲肠黏膜充血，结肠内有大量恶臭的液体；肝脏、脾脏、肾脏瘀血。

【类症鉴别】

与魏氏梭菌病的鉴别 两者临床表现、病理变化均极为相似，鉴别必须做病原鉴定。

【预防】

1）加强饲养管理。饲料中木质素含量要高于 5.0%；饲料配方要相对稳定；幼兔饲喂要定时定量。禁止使用克林霉素一类抗生素，以免引起肠道正常细菌区系遭受破坏，引发疾病。

2）做好兔场粪污无害化处理。

【临床用药指南】

[方1]　庆大霉素注射液：3~5 毫克 / 千克体重，每天 2 次，连用 2~3 天；同时口服黄连素（小檗碱）、维生素 C 各 1 片。

[方2]　四环素：肌内注射，25~40 毫克 / 千克体重，每天 2 次，连用 2~3 天；也可口服，每天每只兔 100~200 毫克，连用 2~3 天。

[方3]　环丙沙星：肌内注射，5 毫克 / 千克体重，每天 2 次，连用 2~3 天。

也可试用甲硝唑。

脱水严重时应及时补液，静脉注射 10% 葡萄糖盐水每只兔 20~40 毫升，每天 2 次，连用 2~3 天；同时注射维生素 C 每只兔 2 毫升。

九、兔传染性水疱口炎

兔传染性水疱口炎俗称流涎病，是由水疱口炎病毒引起的一种急性传染病。其特征是口腔黏膜形成水疱并伴随大量流涎。发病率和死亡率较高，幼兔死亡率可达 50%。

【流行特点】　病兔是主要的传染源。病毒随污染的饲料或饮水经口、唇、齿龈和口腔黏膜而侵入，吸血昆虫的叮咬也可传播本病。饲养管理不当，饲喂发霉变质或带刺的饲料，引起黏膜损伤，更易感染。本病多发于春、秋两季，主要侵害 1~3 月龄的仔兔，青年兔、成年兔发病率较低。

【临床症状与病理剖检变化】　口腔黏膜发生水疱性炎症，并伴随大量流涎（图 2-44）。病初体温正常或升高，口腔黏膜潮红、充血，随后出现粟粒至扁豆大的水疱（图 2-45）。水疱破溃后形成溃疡（图 2-46）。流涎使下颌、胸前和前肢被毛粘成一片，发生炎症、脱毛。如继发细菌性感染，常引起唇、舌、口腔黏膜坏死，发生恶臭。病兔食欲下降或废绝，精神沉郁，消化不良，常发生腹泻，日渐消瘦，虚弱或死亡。幼兔死亡率高，青年兔、成年兔死亡率较低。

图 2-44　病兔大量流涎，沾湿下颌、嘴角和颜面部被毛

【类症鉴别】

（1）与兔痘的鉴别　患兔痘的病兔的口腔和唇黏膜上，虽也发生丘疹和水疱，但显著的病变是皮肤的损害，丘疹还多见于耳、眼、腹部、背部和阴囊等处皮肤下，尤

其是眼睑发炎、肿胀、畏光、流泪，而兔传染性水疱口炎病变仅在口腔。

陈怀涛

图2-45　口腔黏膜结节和水疱

（齿龈和唇黏膜充血，有结节和水疱形成）

图2-46　下唇和齿龈黏膜
有不规则的溃疡

（2）与一般性口炎的鉴别　一般性口炎主要是由机械性刺激引起的，如含有带刺的饲草、异物（如铁钉和铁丝等）都能直接损伤口腔黏膜；或误食化学药物、有毒植物；或采食霉败饲料等，均可引发口炎。其中，中毒引起的口炎具有如下特征：有误食有毒饲料或用药错误病史，群发，体温不升高，剩余饲料和胃内容物中可检出相应的毒物。

【预防】　经常检查饲料质量，严禁用粗糙、带芒刺饲草饲喂幼兔。发现流涎兔，及时隔离治疗，并对兔笼、用具等用2%氢氧化钠溶液消毒。

【临床用药指南】

［方1］　可用青霉素粉剂涂于口腔内，剂量以火柴头大小为宜，一般一次可治愈。但剂量大时易引起兔死亡。

［方2］　先用防腐消毒液（如1%盐水或0.1%高锰酸钾溶液等）冲洗口腔，然后涂擦碘甘油、明矾与少量白糖的混合剂，每天2次。

［方3］　全身治疗：内服磺胺二甲嘧啶，0.2~0.5克/千克体重，每天1次，连服数日。

对可疑病兔喂服磺胺二甲嘧啶，剂量减半。

十、兔轮状病毒病

兔轮状病毒病是由轮状病毒引起仔兔的一种肠道传染病，其临床特征为腹泻和脱水。

【流行特点】　本病主要侵害2~6周龄的仔兔，尤以4~6周龄仔兔最易感，发病率和死亡率最高。成年兔多呈隐性感染，发病率高，死亡率低。在新发生的兔群常呈突然暴发，迅速传播。兔群一旦发生本病，随后将每年连续发生。经消化道感染。病兔或带毒兔的排泄物含有大量病毒。健康兔因食入被污染的饲料、饮水或乳汁而感染发病。

【临床症状与病理剖检变化】 病兔表现昏睡、食欲下降或废绝。排出半流体或水样粪便，后臀部沾有粪便。多数于腹泻后 2 天内死亡，病死率可达 40%。青年兔、成年兔常呈隐性感染而带毒，多数不表现症状。病死兔剖检，空肠、回肠黏膜充血、水肿，肠内容物稀薄，镜检见绒毛呈多灶性融合和中度缩短或变钝，肠细胞扁平。有些肠段的黏膜固有层和黏膜下层轻度水肿。

【类症鉴别】

（1）与兔魏氏梭菌病的鉴别 病兔腹泻，排黑色水样或带血胶冻样粪便。病死兔盲肠浆膜有出血斑和胃黏膜出血、溃疡等。以病料染色镜检，可见革兰阳性、两端钝圆的大杆菌，即可与兔轮状病毒病相区别。

（2）与兔球虫病的鉴别 病兔瘦弱，有黄疸与贫血症状。剖检可见肠黏膜或肝脏表面有浅黄色结节。取结节或肠黏膜压片镜检，若见球虫卵囊，即可与兔轮状病毒病相区别。

【预防】 本病目前尚无有效的疫苗与治疗方法，因此重点应在预防，加强饲养管理，注意兔舍卫生，给予仔兔充足的初乳和母乳。

【临床用药指南】 以纠正体液、电解质平衡失调、防止继发感染为原则。用轮状病毒高免血清治疗，皮下注射，2 毫升 / 千克体重，每天 1 次，连用 3 天。

十一、兔流行性小肠结肠炎

兔流行性小肠结肠炎是兔的一种新的胃肠道疾病，1996~1997 年发生于法国西部地区的一些兔场，以严重水样腹泻为特征的新型传染病，可以广泛传播。

【病因】 病因尚不清楚。

【流行特点】 不同品种不同品系的兔均可发生，主要侵害 6~8 周龄育肥兔，常在断奶后发生，也可见于成年兔，野兔不感染，但饲养野兔可发病。动物接触性传染，也可通过污染饲料传播，传播迅速。本病与兔球虫有协同致病作用，即在有球虫感染的兔场可增加本病的发病率和死亡率。

【临床症状与病理剖检变化】 发病兔严重精神沉郁，黏膜苍白，水样腹泻，肛门有水样粪便污染。病兔体温不高，采食减少，腹部膨胀，极度口渴，多因脱水而死亡，死亡率达 30%~80%。病变主要分布在整个肠道和胃，胃肠膨气，胃内容物为液体，同时伴有盲肠麻痹，肠道特别是结肠和小肠有黏液渗出，大部分病例肠内含有大量半透明的黏液，但盲肠肉眼可见病变。

【预防】 目前对本病的病原体尚不确定，所以本病尚无可靠的治疗方法。预防可在饲料中添加杆菌肽锌或泰莫林，可以降低发病率和死亡率。

目前我国还没有发生本病的报道，所以在贸易往来和引进兔种时要高度重视，避免引入本病。

十二、流行性腹胀病

流行性腹胀病是由许多致病因素（如饲养管理不当、气候多变等）引起的以食欲下降或废食、腹部膨大、迅速死亡等为特征的胃肠道疾病。近年来，本病发生呈大幅上升的趋势，对养兔业造成严重经济损失。

【病因】目前，病因尚不清楚，但与以下因素有关。①饲养管理不当，包括饲料配方不当，如精料过多、粗纤维不足；饲喂量过多，不定时、不定量；突然更换饲料配方；饲料霉变等。②气候多变，兔舍温度低，或忽高忽低。③感染一些病原菌，如 A 型魏氏梭菌、大肠杆菌、沙门菌等。

【临床症状与病理剖检变化】断奶至 3 月龄的兔多发。病初食欲下降，精神不振，卧于一角，不愿走动，渐至不吃料，腹胀，扎堆（图 2-47 和图 2-48）。粪便起初变化不大，后期粪便渐少，病后期以拉黄色、白色胶冻样黏液为主。部分兔死前少量腹泻，有的甚至无腹泻表现就死了。摇动兔体，有响水声（是由胃、肠内容物呈水样所致）。腹部触诊，前期较软，后期较硬，部分兔腹内无硬块。剖检可见死兔腹部膨大。胃臌胀，胃内容物稀薄或呈水样，小肠内有气体和液体（图 2-49～图 2-51）。盲肠内充气，内容物较多，有的质地较硬甚至干硬成块状（图 2-52）。结肠至直肠多数充满胶冻样黏液。膀胱充盈。

图 2-47　精神不振，腹胀

图 2-48　扎堆，精神不振

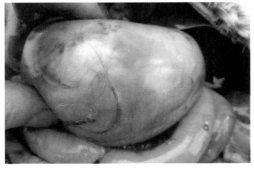

图 2-49　胃肠膨大

图 2-50　胃内容物呈水样

图 2-51　小肠内充满气体和水样内容物

图 2-52　盲肠壁菲薄，内容物呈硬块状

【预防】

1）注意饲料配方和饲料质量。配方要科学合理、饲料无霉变、配方保持相对稳定。幼兔饲喂要定时、定量。

2）加强管理。断奶时原笼饲养。兔舍温度要保持恒定，切忌忽冷忽热。

3）兔群应定期注射魏氏梭菌和大肠杆菌等菌苗。

【临床用药指南】　一旦有发病兔，及时隔离并消毒兔笼，控制饲喂量。将患病兔在庭院或空旷的地方自由活动，饲喂优质青干草，部分兔可康复。也可在饲料中添加杆菌肽锌、恩拉霉素、恩诺沙星、复方新诺明、溶菌酶＋百肥素等药物，同时在饮水中添加电解多维等。

本病治疗效果差，应以预防为主。

十三、球虫病

球虫病由艾美尔属的多种球虫引起的一种对幼兔危害极其严重的原虫病。其特征为腹泻、消瘦及球虫性肝炎和肠炎。本病被我国定为二类动物疫病。

【流行特点】　兔是兔球虫病的唯一自然宿主。本病一般在温暖多雨的季节流行，在南方早春及梅雨季节高发，北方一般在 7~8 月，呈地方性流行。所有品种的兔对本病都有易感性。成年兔受球虫的感染强度较低，因有免疫力，一般都能耐过。断奶到 3 月龄的兔最易感染。其感染率可达 100%，患病后幼兔的死亡率也很高，可达 80% 左右。耐过的兔长期不能康复，生长发育受到严重影响，一般可减轻体重 14%~27%。

成年兔、兔笼和鼠类等在球虫病的流行中起着很大的作用。球虫卵囊对化学药品和低温的抵抗力很强，但在干燥和高温条件下很容易死亡，如在 80℃ 热水中 10 秒钟即死亡，在沸水中立即死亡。紫外线对各发育阶段的球虫均有较强的杀灭作用。

【临床症状】　根据病程长短和强度可分为：①最急性，病程 3~6 天，兔常死亡；②急性，病程 1~3 周；③慢性，病程 1~3 个月。

根据发病部位可分为肝型、肠型和混合型 3 种类型。肝型球虫病的潜伏期为 18~21 天，肠型球虫病的潜伏期依寄生虫种类不同而不同，一般在 5~11 天之间，多呈急性。除人工感染外，生产实践中球虫病往往是混合型。

病初食欲降低，随后废绝，伏卧不动（图 2-53），精神沉郁，两眼无神，眼鼻分泌物增多，贫血，下痢，幼兔生长停滞。有时腹泻或腹泻与便秘交替出现。病兔因肠臌气、肠壁增厚、膀胱积尿、肝脏肿大而出现腹围增大，手叩似鼓。兔患肝型球虫病时，肝脏区触诊疼痛；肝脏严重损害时，结膜苍白，有时黄染。病至末期，幼兔出现神经症状，四肢痉挛，头向后仰，有时麻痹，终因衰竭而死亡（图 2-54）。

图 2-53 病兔精神沉郁，被毛蓬乱，食欲减退，伏地

图 2-54 突然倒地，四肢抽搐，角弓反张，惨叫一声死亡

【病理剖检变化】

（1）**肝脏变化** 肝实质部的结节演化过程为，疾病早期，结节是分散的，其中为乳样内容物；到疾病的后期结节会相互融合，其中为奶酪样内容物。剖检可见肝脏肿大，表面有粟粒至豌豆大、圆形、白色或浅黄色结节病灶（图 2-55 和图 2-56），沿小胆管分布。切面胆管壁增厚，管腔内有浓稠的液体或有坚硬的矿物质。胆囊肿大，胆汁浓稠、色暗。腹腔积液。急性期，病兔肝脏极度肿大，较正常肝脏肿大 7 倍。慢性肝型球虫病，其胆管周围和肝小叶间部分结缔组织增生，肝细胞萎缩（间质性肝炎），胆囊黏膜有卡他性炎，胆汁浓稠，内含崩解的上皮细胞。镜检有时可发现大量的球虫卵囊。

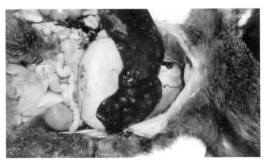

图 2-55 肝脏结节状病变
（肝脏表面有浅黄色、圆形结节，膀胱积尿）

（2）**肠管变化** 病变主要在十二指肠、空肠、回肠和盲肠等部位。可见肠壁血管充血，肠黏膜充血并有点状出血（图 2-57）。小肠内充满气体和大量黏液，有时肠黏膜覆盖有微红色黏液（图 2-58 和图 2-59）。慢性病例，可见肠道增厚，肠黏膜呈浅灰色或发白，肠黏膜上有许多小而硬的白色结节（内含大量球虫卵囊）和小的化脓性、坏死

病灶（图 2-60 和图 2-61）。

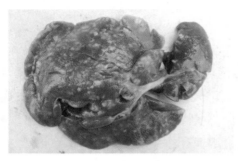

图 2-56　球虫性肝炎
（肝脏上密布大小不等的浅黄色结节，胆囊充盈）

图 2-57　肠道病变
（肠壁血管充血，肠黏膜出血并有点状出血）

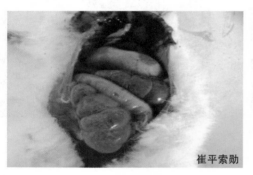

图 2-58　肠道病变
（小肠肠道充满气体和大量黏液）

图 2-59　结肠病变
（感染黄艾美耳球虫的兔的结肠出血）

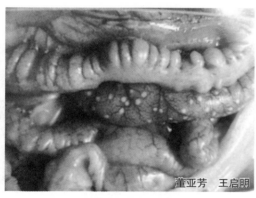

图 2-60　球虫性肠炎
（小肠黏膜呈浅灰色，有白色结节）

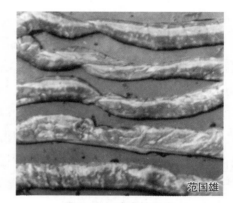

图 2-61　球虫性肠炎
（小肠壁散在大量灰白色球虫结节）

【类症鉴别】

　　与豆状囊尾蚴病的鉴别　两种疾病均可引起肝脏病灶，球虫病的肝脏有大小不一的圆形结节，豆状囊尾蚴病的肝脏病灶呈不规则的条状，且腹腔内有大量透明状囊泡。

【预防】

1）实行笼养，大小兔分笼饲养，定期消毒，保持室内通风、干燥。

2）兔粪尿要堆积发酵，以杀灭粪中卵囊。病死兔要深埋或焚烧。兔青饲料种植地严禁用兔粪作为肥料。

3）定期进行药物预防。成年兔是本病的传染源，因此要定期加药驱虫。幼兔是球虫病的高发阶段，必须进行药物预防。常用的抗球虫药物：氯苯胍、地克珠利、妥曲珠利、磺胺类药物（磺胺喹噁啉、磺胺二甲嘧啶、磺胺对氧嘧啶、复方新诺明等）等。

〔方1〕 氯苯胍：又名盐酸氯苯胍或双氯苯胍。按 0.015% 混饲，饲喂从采食至断奶后 45 天。氯苯胍有异味，可在兔肉中出现，因此，屠宰前 1 周应停喂。

〔方2〕 地克珠利：饲料和饮水中按 0.0001% 添加。

〔方3〕 妥曲珠利：又称为甲基三嗪酮、百球清。按 0.0015% 饮水或在饲料中添加，连喂 21 天。注意：若本场饮水硬度极高和 pH 低于 8.5，饮水中必须加入碳酸氢钠（小苏打）以使水的 pH 调整到 8.5~11 的范围内。

【临床用药指南】 治疗球虫病可参考下列方案。

〔方1〕 氯苯胍：按 0.03% 混饲，用药 1 周后改为预防量。

〔方2〕 地克珠利：加倍用药，连续用药 7 天，改为预防量。

〔方3〕 妥曲珠利：每天饮用药物含量为 0.0025% 的饮水，连喂 2 天，间隔 5 天，再用 2 天，即可完全控制球虫病。注意事项同预防。

注意事项：①及早用药。②轮换用药。一般一种药使用 3~6 个月改换成其他药，但不能换为同一类型的药，如不能从一种磺胺药换成另一种磺胺药，以防产生抗药性。③应注意对症治疗。如补液、补充维生素 K、维生素 A 等。④有些抗球虫药物禁用或慎用。兔禁用马杜拉霉素，慎用莫能菌素、盐霉素等。⑤注意休药期。参考不同药物休药期合理用药。

十四、豆状囊尾蚴病

豆状囊尾蚴病是由豆状带绦虫 - 豆状囊尾蚴寄生于兔的肝脏、肠系膜和大网膜等所引起的疾病。养犬的兔场，本病的发生率高。

【流行特点】 本病呈世界性分布。各种年龄的兔均可发生。因成虫寄生在犬、狐狸等肉食动物的小肠内，因此，凡饲养有犬的兔场，如果对犬管理不当，往往造成整个群体发病。

【临床症状与病理剖检变化】 轻度感染一般无明显症状。大量感染时可导致肝炎和消化障碍等表现，如食欲减退，腹围增大，精神不振，嗜睡，逐渐消瘦，最后因体力衰竭而死亡。急性发作可引起突然死亡。剖检可见正在从肝脏中出来的虫体，出来的囊尾蚴一般寄生在肠系膜、大网膜、肝脏表面、膀胱等处浆膜，数量不等，状似小水泡或石榴籽（图 2-62～图 2-66）。虫体通过肝脏的迁移导致肝脏出现弯曲的通道，严重时导致肝炎、纤维化和坏疽等（图 2-67 和图 2-68）。

【预防】

1）做好兔场饲料卫生管理工作。

2）兔场内禁止饲养犬、猫或对犬、猫定期进行驱虫。驱虫药物可用吡喹酮，根据说明用药。禁止用带虫的病死兔喂犬、猫等，以阻断病原的生活周期。

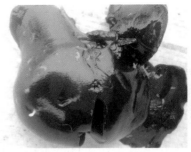

图 2-62 有 1 个囊尾蚴即将从肝脏中移行出来

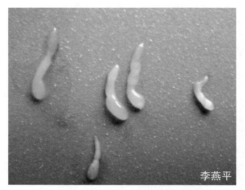

图 2-63 刚从肝脏中出来的囊尾蚴

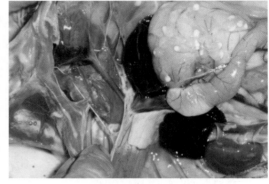

图 2-64 胃浆膜上寄生的豆状囊尾蚴

图 2-65 膀胱浆膜上寄生的豆状囊尾蚴

图 2-66 直肠浆膜上寄生的囊尾蚴

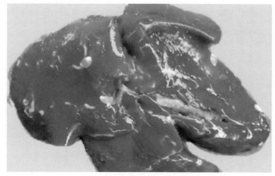

图 2-67 可见已从肝脏中移行出来的虫体，以及虫体移行所致的慢性肝炎

图 2-68 肝大面积结缔组织增生

【临床用药指南】

[方1] 吡喹酮：口服，10~35毫克/千克体重，每天1次，连用5天。

[方2] 芬苯达唑：拌料喂服，50毫克/千克体重，每天1次，连用5天。

[方3] 阿苯达唑：内服，10~15毫克/千克体重，每天1次，连用5天。

[方4] 氯硝柳胺：拌料喂服，一次量8~10毫克/千克体重。

[方5] 甲苯达唑：按1克/千克饲料或50毫克/千克体重饲喂，连用14天。

凡养犬的兔场，本病发生率非常高。兔群一旦检出一个病例，应考虑全群预防和治疗。

十五、棘球蚴病

棘球蚴病是由细粒棘球绦虫的幼虫寄生于兔体内的肝脏、肺等部位而引起的一种寄生虫病。

【临床症状与病理剖检变化】 轻度感染，一般不表现临床症状。由于棘球蚴生长缓慢，形状多种多样、大小不一、寄居部位不一，所以可引起不同的临床表现，主要为消瘦、黄疸、消化紊乱。棘球蚴寄生于肺时，则表现喘息和咳嗽。严重者表现腹泻，迅速死亡。剖检可见棘球蚴主要寄生于实质器官，常见于肝脏，在肝脏形成豌豆至核桃大的囊泡，切开流出黄色液体，切面残留圆形腔洞，囊壁较厚，内膜上有白色颗粒样头节。

【预防】 养兔场（户）禁止养犬。若必须养犬，要给犬定期内服吡喹酮，5毫克/千克体重，1次内服。避免虫卵污染场地、饲草和饮水。

【临床用药指南】 可用吡喹酮，一般按50~100毫克/千克体重，1次内服。

本病易传染给人，接触病兔注意个人防护。

十六、栓尾线虫病

栓尾线虫病是由栓尾线虫寄生于兔的盲肠和结肠所引起的一种感染率较高的寄生虫病。

【流行特点】 本病分布广泛，獭兔多发。

【临床症状与病理剖检变化】 少量感染时，一般不表现症状。严重感染时，表现心神不宁，当肛门有虫体活动或雌虫在肛门产卵时，病兔表现不安，肛门发痒，用嘴啃擦肛门，采食、休息受影响，食欲下降，精神沉郁，被毛粗乱，逐渐消瘦，下痢，可发现粪便中有乳白色似线头样栓尾线虫（图2-69）。剖检可见大肠内有栓尾线虫（图2-70和图2-71）。严重感染的兔，肝脏、肾脏呈土黄色（图2-72）。

【预防】

1）加强兔舍、兔笼卫生管理。对食盒、饮水用具定期消毒，粪便堆积发酵处理。

2）引进的种兔隔离观察1个月，确认无病方可入群。

图 2-69　粪球上附着的栓尾线虫

图 2-70　盲肠内容物中的栓尾线虫

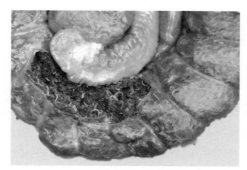
图 2-71　盲肠中寄生有栓尾线虫

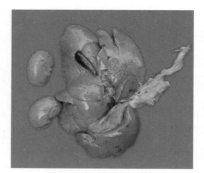
图 2-72　肝脏、肾脏呈土黄色

3）兔群每年进行 2 次定期驱虫。可用丙硫苯咪唑等。

【临床用药指南】

［方 1］　丙硫苯咪唑：口服，10 毫克 / 千克体重，每天 1 次，连用 2 天。

［方 2］　左旋咪唑：口服，5~6 毫克 / 千克体重，每天 1 次，连用 2 天。

［方 3］　阿苯达唑：内服，10~15 毫克 / 千克体重，每天 1 次，连用 5 天。

［方 4］　芬苯达唑：拌料喂服，50 毫克 / 千克体重，每天 1 次，连用 5 天。

［方 5］　枸橼酸哌嗪：按 3 克 / 升饮水 2 周，间隔两周后重复用药 1 次。

栓尾线虫病不会传染给人。

十七、肝片吸虫病

肝片吸虫病是由肝片吸虫（图 2-73）寄生于肝脏胆管和胆囊内引起的一种兔寄生虫病。其特征为肝炎导致的营养障碍和消瘦。

【流行特点】　在家畜中以牛、羊发病率最高，兔也可发生，有地方性流行的特点，多发生在以饲喂青饲料为主的兔群中（青饲料多采集于低洼和沼泽地带）。

【临床症状与病理剖检变化】　主要表现精神委顿，食欲不振，消瘦，衰弱，贫血和黄疸等。疾病严重时眼睑、颌下、胸腹部皮下水肿。剖检可见肝脏胆管明显增粗，呈灰白色索状或结节状，凸出于肝脏表面（图 2-74）。胆管内常有虫体及糊状物，胆囊也可有虫体寄生。

图 2-73　肝片吸虫的大体形态

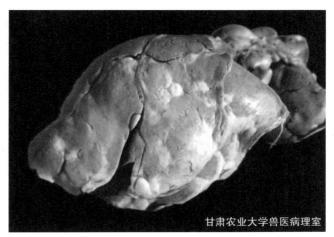

甘肃农业大学兽医病理室

图 2-74　肝脏表面有灰白色结节和条索，
其切面见胆管壁增厚

【类症鉴别】

与肝型球虫病的鉴别　肝片吸虫病发病的兔多采食过来自洼地的青草，肝脏上的结节呈白色，肝型球虫病的结节一般呈浅黄色。

【预防】　注意饲草和饮水卫生，不喂沟、塘及河边的草和水。对病兔及带虫兔进行驱虫。驱虫的粪便应集中处理，以消灭虫卵。消灭中间宿主锥实螺。

【临床用药指南】

[方1]　硝氯酚：具有疗效高、毒性小、用量少等特点，3~5 毫克／千克体重，1 次内服，3 天后再服 1 次。

[方2]　10% 双酰胺氧醚混悬液：每次 100 毫克／千克体重，口服。

[方3]　丙硫苯咪唑：3~5 毫克／千克体重，拌入饲料中喂给。

[方4]　肝蛭净：每次 10~13 毫克／千克体重，口服。

兔用药 7 天内不得屠宰供人食用。

十八、血吸虫病

血吸虫病是由日本分体吸虫引起的一种严重危害人兽的寄生虫病。广泛流行于长江流域和南方地区。兔多为圈养或笼养，故较少发生。

【流行特点】　本病广泛流行于长江流域和南方地区。感染途径是兔食入带尾蚴的青草，尾蚴经唇部皮肤或口腔黏膜侵入而感染。

【临床症状与病理剖检变化】　少量感染无明显症状。大量感染表现腹泻、便血、消瘦、贫血，严重时出现腹水过多，最后死亡。病理检查时见肝脏和肠壁有灰白色或灰黄色结节（图 2-75）。慢性病例表现肝硬化，体积缩小，硬度增加，用刀不易切开

（图 2-76）。在门静脉和肠系膜静脉找到成虫。

图 2-75　肝脏上有许多由虫卵引起的
灰白色小结节

甘肃农业大学兽医病理室

图 2-76　肝硬化，表面高低不平，呈颗粒状

【类症鉴别】

（1）**与肝型球虫病的鉴别**　血吸虫病发生在南方地区，兔采食过青草，肝脏上的结节均匀分布；肝型球虫病的肝脏上的结节一般较为集中，颜色为浅黄色，慢性的结节融合后形成较大的结节。确诊必须做病原检测。

（2）**与肠型球虫病的鉴别**　血吸虫病发生在长江流域、南方地区，兔群有采食过青草史，肠型球虫病多发于梅雨季节，确诊必须做病原检测。

【预防】　采取综合预防，注意引水卫生，不喂被血吸虫尾蚴污染的水草，做好粪便管理。

【临床用药指南】　发现病兔及早治疗。

吡喹酮：60 毫克 / 千克体重，1 次口服。

也可用治疗人兽血吸虫病的药物如六氯对二甲苯（血防 846）、硝硫氰胺等，按说明使用。

十九、肝毛细线虫病

肝毛细线虫病是由肝毛细线虫寄生于兔的肝脏所引起的以肝硬化和中毒现象为主要症状的疾病。

【临床症状与病理剖检变化】　病兔生前无明显的症状，仅表现消瘦，食欲下降，精神沉郁。剖检可见肝脏肿大或发生肝硬化，肝脏表面和实质中有纤维性结缔组织增生，肝脏有黄色条纹状或斑点状结节（图 2-77），有的为绳索状。结节周围肝脏组织可出现坏死灶。

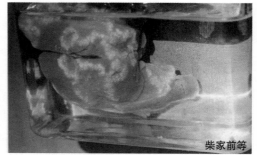

柴家前等

图 2-77　肝脏有黄色条纹状或斑点状结节

【类症鉴别】

（1）与球虫病的鉴别　肝型球虫病有蛋黄色、凸出于肝脏表明的较大的结节，而肝毛细线虫病病变为肝脏上黄色条纹状、斑块结节。可通过病原菌检测加以区别。

（2）与豆状囊尾蚴病的鉴别　豆状囊尾蚴在肠系膜等位置，形状似小水泡或石榴籽，而肝毛细线虫病病变为肝脏上黄色条纹状、斑块结节。

【预防】因本病常因鼠类相互蚕食或肉食兽吞食了患病动物肝脏后虫卵随粪排出，以及病尸（尤其是鼠类）腐烂分解使虫卵散布等原因所致，因此，兔舍要做好灭鼠工作，并防止犬、猫等动物粪便污染兔舍、饲料、饮水和用具。病兔的肝脏不宜喂给别的动物。

【临床用药指南】

［方1］甲苯达唑：100~200毫克/千克体重，口服，每天1次，连用4天。

［方2］丙硫苯咪唑：10~15毫克/千克体重，1次内服。必要时1~2周后再服1次。

二十、隐孢子虫病

隐孢子虫病是由隐孢子虫引起的一种急性、致死性原虫病，属人兽共患寄生虫病。以间歇性水泻、脱水和厌食，以及渐进性消瘦为主要特征。

【流行特点】隐孢子虫可在猪、牛、羊、鸡、鸭、鸽和鱼类的胃肠道寄生。人也感染。目前隐孢子虫病已在美国、意大利、澳大利亚、英国和德国，以及其他欧洲国家和地区近50个国家流行，我国也不例外。据报道，我国许多地区发生本病，其中幼兔群普遍发生，而且致死率较高，严重危害养兔业的发展。

带虫兔和病兔是主要传染源。经口感染，也可经气溶胶传播。兔的日龄不同，隐孢子虫感染情况有所差异，其中3月龄以下的幼兔感染情况最严重，感染率高达78.13%。本病一年四季均可发生，但多见于温暖、潮湿季节。

【临床症状与病理剖检变化】潜伏期一般为5~7天，短者3天，长者7天。多呈急性型和亚急性型。病兔常表现间歇性腹泻、脱水、厌食、渐进性消瘦和减重。

典型的肠炎病变，小肠黏膜充血。十二指肠和空肠菲薄，黏膜充血，肠系膜淋巴结轻度肿大。组织学检查，虫体主要集中在肠后半段至回肠的绒毛上皮，盲肠和结肠的黏膜上皮细胞也有寄生，被寄生的部位的绒毛萎缩，易剥离。

【预防】严格执行卫生防疫制度，认真遵守各项卫生措施；做好严格消毒工作，尤其是粪便，一定要彻底消毒，可以选用福尔马林等，均能消除隐孢子虫卵囊的感染力。

【临床用药指南】治疗效果差。可试用螺旋霉素、阿奇霉素、新霉素等药物。对腹泻病兔配合对症疗法即止泻，是必要的。可选用如苯乙哌啶（地芬诺酯）或普鲁卡因等；还可选用生长激素抑制素，减少肠道分泌，并增加水和电解质的吸收。

本病属人兽共患病，注意个人卫生防护。

二十一、盲肠嵌塞

盲肠嵌塞又称为盲肠秘结、盲肠阻塞，是指盲肠内容物呈现干的、紧实的现象，它不是一种病，而是许多种疾病的临床表现。盲肠嵌塞在幼兔中比在成年兔中发生得多。

【病因】 引起盲肠嵌塞的原因尚不太清楚，但与以下因素有关。①粗纤维饲料不足或过高。当饲料中粗纤维高于25%时，本病的发生率较高。②纤维饲料过于细小。饲喂吸收水分的小纤维颗粒可能引起盲肠嵌塞。③饲料霉变。④自主神经异常。

【临床症状与病理剖检变化】 病兔采食减少或停止，精神萎靡，腹围增大（图2-78），用手触摸腹部，盲肠有硬的内容物。剖检可见盲肠内容物有的刚开始变硬，有的已变硬、呈大小不等块状物，肠壁菲薄（图2-79~ 图2-81）。

图 2-78　精神不振，不食，腹围膨大

图 2-79　盲肠积有干硬粪块，肠壁菲薄

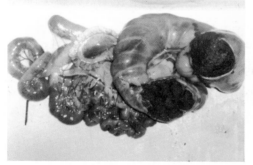

图 2-80　盲肠中的内容物开始变干，
硬度增加

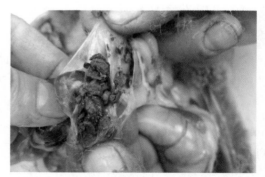

图 2-81　大肠中的内容物呈干、硬、小块状

【预防】

1）禁止使用发霉变质的饲料喂兔。

2）饲料粗纤维原料粉碎粒度不宜过小。

3）淘汰兔群中自主神经机能异常的个体。

【临床用药指南】 发病初期，可将病兔放到运动场或院内让其自由运动，供给饮水，一般可以缓解症状至痊愈。

对患病较轻的个体，口服液状石蜡 24~36 小时后，再使用前列腺素疗法（地诺前列素 0.2 毫克 / 千克体重），同时加强运动，效果较好。病情严重的淘汰。

二十二、腹泻

腹泻不是独立性疾病，是泛指临床上具有腹泻症状的疾病，主要表现是粪便不成球、稀软、呈粥状或水样。

【病因】 ①饲料配方不合理。如精料比例过高，即高蛋白质、高能量、低纤维。②饲料质量有问题。饲料不清洁，混有泥沙、污物等。饲料含水量过多，或吃了大量的冰冻饲料。饮水不卫生。③饲料突然更换，饲喂量过多。④兔舍潮湿，温度低，兔腹部着凉。⑤口腔及牙齿有疾病。

此外，引起腹泻的原因还有某些传染病、寄生虫、中毒性疾病和以消化障碍为主的疾病，这些疾病各有其固有症状，并在本书各种疾病中进行了专门介绍，在此不再赘述。

【临床症状与病理剖检变化】 病兔精神沉郁，食欲不振或废绝。饲料配方和饲养管理不当引起的腹泻，病初粪便只是稀、软，但粪便性质未变，有的粪便中仅带透明样黏液（图 2-82 和图 2-83）。此时及时进行控制，如控料、使用抗生素等，一般预后良好。如果控制不当，就会诱发细菌性疾病如大肠杆菌病、魏氏梭菌病等，粪便上黏附浅黄色或黄色黏液或水样等（图 2-84）。

图 2-82 粪便稀、不成形，但性质未变

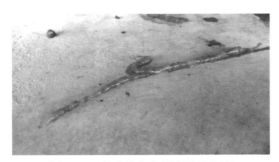

图 2-83 粪球被白色透明黏液包裹

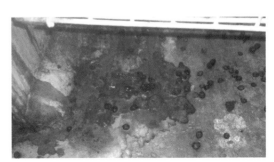

图 2-84 粪便呈浅黄色

【预防】

1）饲料配方合理，饲料、饮水清洁卫生。饲料中木质素高于 5%，淀粉低于 16%。

2）幼兔提倡定时、定量饲喂。变化饲料要逐步进行。

3）兔舍要保温、通风、干燥、卫生。

【临床用药指南】 在消除诱因的同时首先控制饲喂量，一般在停料后 1~2 天内即可控制，若仍不能控制时应及早应用抗生素类药物（如庆大霉素、恩诺沙星等），以防感染。

对脱水严重的病兔，可灌服补液盐（配方为：氯化钠 3.52 克、碳酸氢钠 2.5 克、氯化钾 1.58 克、葡萄糖 20 克，加凉开水 1000 毫升），或让病兔自由饮用。

二十三、胃溃疡

胃溃疡是指由于应激等因素使胃黏膜自身消化、发生糜烂，损伤到黏膜基层以下的病变，是兔经常发生的一种疾病，危害严重。

【病因】 魏氏梭菌、霉菌毒素等是常见致病因素。据报道，通过腹腔内注射肾上腺素给药的实验兔可能诱发胃黏膜上的试验性应激溃疡，表明应激也是一种致病因素。

【发生特点】 各品种、年龄的兔均可发生，围产期的母兔多发。

【临床症状与病理剖检变化】 一般多数表现为精神不振，厌食、腹泻，个别的病例病初临床症状不明显，仅表现食欲下降，精神不振。迅速死亡是本病一个特征。剖检可见胃溃疡，多数在胃底部，个别溃疡发生在幽门区域，并且多数有胃黏膜穿孔（图 2-85 和图 2-86）。

 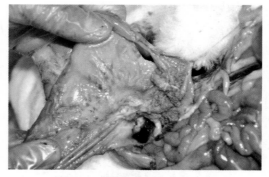

图 2-85　胃黏膜有黑色溃疡斑、点　　　　图 2-86　胃黏膜有溃疡斑、点

【预防】

1）兔饲料中木质素的比例应保持在 5.0% 以上。

2）保证饲料清洁、卫生、无霉变。

3）减少各种应激，包括抓兔、更换笼位、注射、惊吓等。

【临床用药指南】 可试用奥美拉唑、雷尼替丁等药物。

二十四、胃扩张

本病又称为积食，是兔一次性大量采食和后送机能障碍所致胃肠急剧膨胀的一种腹痛性疾病。

【病因】 胃扩张往往是由某些类型的胃肠道梗阻所引起的。兔继续不断地分泌唾液，但兔不能呕吐，导致分泌液聚集在胃内，如果食糜不能通过并向下进入消化道内，则液体迅速扩张，产生的气体引起更进一步地扩张。常见的因素有：①饲养管理不当。如一次性贪食过多含露水的豆科饲料（如苜蓿等）、难消化的饲料（如干豆类等）、高度膨胀的饲料（如麸皮、豆腐渣等）、腐败的饲料（如发霉变质的谷物或豆渣）、冰冻的饲料所致。断奶不久的幼兔也因贪食过量饲料而发病。②疾病。肠道内、肠道壁的病变（如毛球病、便秘、肠套叠、结肠阻塞、盲肠嵌塞等）和肠道外部的损伤（如腹腔网膜上的肿瘤、脓肿和囊尾蚴等）都可引起肠梗阻，导致本病。球虫病的病演过程中，也常见胃肠臌气。

【临床症状与病理剖检变化】 本病以 2~6 月龄兔最易发生。病兔食欲减退至废绝，表现不安，卧于一角，不愿走动，磨牙，呼吸困难，并经常改换蹲伏部位。腹部膨大，充满气体和液体，叩诊呈鼓音。有的病兔流涎，肠内粪球干硬、变小，可视黏膜潮红甚至发绀。如不及时治疗，可导致胃破裂或窒息死亡。剖检可见兔腹部膨大，黏膜发绀，胃体积显著膨大，胃内容物积有大量液体和气体、酸臭，胃黏膜脱落，大、小肠也充满气体（图 2-87）。胃破裂者多见于胃大弯有破口，胃内容物污染腹腔。

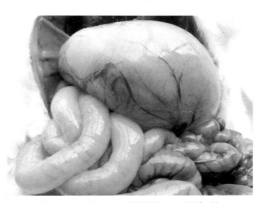

图 2-87　胃、小肠膨胀，充满气体

【预防】

1）科学配制饲料。严禁使用霉变饲料和含杂质（如土、泥沙等）较多的原料。蛋白质、粗饲料等饲料种类要多样化。

2）饲喂遵循"定时、定量、定质"的原则。

3）及时治疗疾病。如便秘、球虫病、毛球病、豆状囊尾蚴病、牙齿疾病、结肠阻塞、盲肠嵌塞和肿瘤等疾病。

【临床用药指南】 发生本病，立即绝食，治疗以"解除扩张、镇痛止酵和恢复胃肠功能"为原则。

［方1］ 每只兔静脉注射 2% 普鲁卡因 1 毫升、生理盐水 20~40 毫升，再罐服 4~6 克氧化镁，有较好疗效。

［方2］ 二甲基硅油片：内服，每只兔 25 毫克。

［方3］ 每只兔用萝卜汁 10~20 毫升，多酶片 2~3 片，每天 2 次。

［方4］ 每只兔用十滴水 3~5 滴，加薄荷油 1~2 滴。

用以上药物治疗的同时，让病兔充分运动，不断按摩其腹部，必要时可皮下注射新斯的明 0.1~0.25 毫克。

二十五、铜缺乏症

铜缺乏症是兔体内铜含量不足所致一种慢性营养性疾病，其特征为贫血、脱毛、被毛褪色和骨骼异常。

【病因】 饲料中含铜量不足或缺乏，易发生本病。饲料中的铜含量与饲料产地土壤中的铜含量多少密切相关。若长期饲喂低铜土壤生产的饲料，易发生本病。饲料中钼、锌、铁、镉、铅等及硫酸盐过多，也会影响铜的吸收而发病。

【临床症状与病理剖检变化】 病初食欲不振，体况下降，衰弱，贫血（低色素性、小细胞性贫血）。继而被毛褪色、无光泽、脱毛（图2-88），并伴发皮肤病变。后期长管骨经常出现弯曲，关节肿大、变形，起立困难，跛行。病情严重的可出现后躯麻痹。母兔发情异常，不孕，甚至流产。剖检可见心肌有广泛性钙化和纤维化病变。

【预防】 一般每千克饲料含铜6~10毫克，即能满足兔的需要。

【临床用药指南】 补铜是治疗本病的有效措施，每只兔可口服10%硫酸铜溶液2~5毫升，视病情每周1次或隔周重复1次。也可配成0.5%硫酸铜溶液让兔自由饮水。

正常兔

病兔　　　　　　程相朝等

图2-88　病兔被毛无光泽、脱落

二十六、便秘

便秘是指兔排粪次数和排粪量减少，排出的粪便干、小、硬，是兔常见消化系统疾病之一。

【病因】 引起兔便秘除热性病、胃肠弛缓等全身性疾病因素外，饲养管理不当是主要原因，如以颗粒饲料为主，饮水不足；青饲料缺乏；饲料品质差，难以消化；饲喂过多含单宁多的饲料（如高粱等）；饲料中有泥沙或混入兔毛；饲喂不定时，过度贪食；饮水不洁或运动不足等均可诱发本病。

【临床症状与病理剖检变化】 患病初期，精神稍差，食欲减退，喜欢饮水，粪便干、小、两头尖、硬，有时成串状（图2-89和图2-90），腹痛、腹胀，病兔常头颈弯曲，回顾腹部、肛门，起卧不宁。随着病程进展，停止排便，腹部膨大、肚胀，用手触摸可感知有干硬的粪球颗粒，并有明显的触痛。如果不及时采取措施，因粪便长期滞留在胃肠而导致自体中毒，或因呼吸困难、心力衰竭而死。剖检发现结肠和直肠内充满干硬成球的粪便，前部肠管积气。

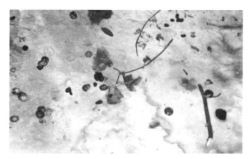

图 2-89　成年兔的粪便干、小、硬

图 2-90　粪球硬、连成串状

【预防】　加强饲养管理，合理搭配青粗饲料和精饲料，经常供给兔清洁饮水，饲喂定时、定量，加强运动，限量饲喂高粱等易引起便秘的饲料。

【临床用药指南】　治疗时首先去除致病因子，供给清洁饮水，适当增加运动，按摩腹部。治疗时应注意制酵和通便。

[方1]　人工盐：成年兔 5~6 克，幼兔减半，加适量温水口服。

[方2]　液状石蜡：成年兔 15 毫升，幼兔减半，加等量温水口服。

[方3]　植物油：每只兔每天口服 10~20 毫升。

[方4]　果导片：成年兔每次 1 片，每天 3 次

[方5]　大黄苏打片：每只兔 2~3 片，加温水 30~40 毫升灌服。

[方6]　银花、生地各 10 克，石膏、火麻仁、甘草各 6 克，用水 200 毫升煎为 20% 浓药液，每只兔每次喂服 10~15 毫升，每天 3 次。

[方7]　灌肠：温肥皂水或高锰酸钾水，用人用导尿管灌肠，每只兔每次 30~40 毫升，效果显著。

二十七、肠套叠

肠套叠是指在某些致病因素的刺激下，某段肠管蠕动异常增强并进入相邻段肠管，引起局部肠管阻塞和形态与机能变化的病理过程。

【病因】　兔采食冰冻饲料或冰块、受寒、感冒、惊恐、肠道异物或肿瘤等刺激，以及发生其他疾病（如兔病毒性出血症等）时，都可引发肠套叠。

【临床症状与病理剖检变化】　肠套叠一旦发生，会突然出现剧烈腹痛症状，表现不安，起卧，打滚，呼吸困难，脉搏加快，并迅速继发胃肠臌气，最后精神沉郁。可能排黏性血便。触诊时感觉到腹肌紧张，套叠段肠管硬实、敏感、疼痛。剖检可见套叠部肠段紫红、肿胀，有炎症变化（图 2-91~图 2-92）。套叠消化道前段臌气、充满食糜。

【预防】　保持兔舍安静。冬季防止兔吞食冰

图 2-91　小肠套叠处肠壁增厚，有出血点

冻饲料和冰块，注意保暖。做好群体兔病毒性出血症免疫工作。

【临床用药指南】 以淘汰为主。贵重或实验兔，可采取手术治疗。

病初肠管病变较轻时，可整复套叠段肠管后调理胃肠机能（图2-93）。病程稍长，套叠段肠管已坏死粘连而无法整复者，应将其截断并进行肠管吻合。因肿瘤或异物引起的，要同时摘除肿瘤和排除异物。术后应用抗生素治疗，连用3天，以防感染。

图2-92　套叠段肠管增粗、质硬、瘀血

图2-93　刚整复后的叠段小肠，仍有瘀血、水肿病变

二十八、直肠脱、脱肛

直肠脱是指直肠后段全层脱出于肛门之外，若仅直肠后段黏膜凸出于肛门外则称为脱肛。

【病因】 本病的主要原因是慢性便秘、长期腹泻、直肠炎及其他使兔体经常努责的疾病。营养不良、年老体弱、长期患某些慢性消耗性疾病与某些维生素缺乏等是本病发生的诱因。

【临床症状与病理剖检变化】 病初仅在排便后见少量直肠黏膜外翻，呈球状，为紫红色或鲜红色（图2-94），但常能自行恢复。如进一步发展，脱出部不能自行恢复，且增多、变大，使直肠全层脱出而成为直肠脱（图2-95和图2-96）。直肠脱多呈棒状，黏膜组织水肿、瘀血，呈暗红色或青紫色，易出血（图2-97）。表面常附有兔毛、粪便和草屑等污物。随后黏膜坏死、结痂。严重者导致排便困难，体温、食欲等均有明显变化，如不及时治疗可引起死亡。

【预防】 加强饲养管理，适当增加光照和运动，保持兔舍清洁、干燥，及时治疗消化系统疾病。

【临床用药指南】 轻者，用0.1%新洁尔灭溶液等清洗消毒后，助手提起后肢，用手指将脱出部分送入肛门复位。严重水肿、部分黏膜坏死时，清洗消毒后，小心地除去坏死组织，轻轻整复。整复困难时，用注射针头刺水肿部，用浸有高渗液的温纱布包裹，并稍用力压挤出水肿液，再行整复。为防止再次脱出，整复后肛门周围做袋口包缝合，但要注意松紧适度，以不影响排便为宜。为防止剧烈努责，可在肛门上方与尾椎之间注射1%盐酸普鲁卡因液3~5毫升。若脱出部坏死糜烂严重、无法整复时，则行切除手术或淘汰。

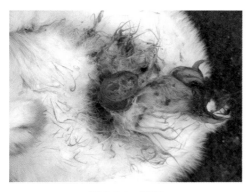

图 2-94 脱肛

（直肠后段黏膜凸出于肛门外，呈紫红色、椭圆形，组织水肿，表面溃烂）

图 2-95 直肠脱

（脱出物坏死）

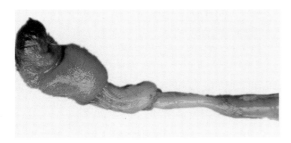

图 2-96 离体的直肠和脱出的直肠

图 2-97 脱出部严重水肿、瘀血、坏死

二十九、牙齿生长异常

牙齿生长异常是指牙齿生长过长并变形，从而影响采食的一种疾病。

【病因】 遗传因素；饲养不合理，如只喂粉料或颗粒饲料硬度不够、牙齿不能经常磨损而过度生长等；饲料中缺钙。

【临床症状与病理剖检变化】 各种兔均可发生，青年兔多发，上、下门齿或二者均过长，且不能咬合。下门齿常向上、向嘴外伸出；上门齿向内弯曲，常刺破牙龈、嘴唇黏膜和流涎（图 2-98～图 2-100）。病兔因不能正常采食，出现消瘦，营养不良。若不及时处理，最终因衰竭而死亡。

图 2-98 青年兔下门齿向外延伸

【预防】

1）防止近亲交配。

2）淘汰兔群中牙齿畸形兔。

3）采用颗粒饲料喂兔。用粉料喂兔时，需经常性地给兔笼中放置一些树枝、木棒

或悬挂铁链等，让兔自由啃咬磨牙。

图 2-99　上、下门齿均过度生
长并弯曲，不能咬合

图 2-100　流涎
（牙齿生长异常的个体，有明显的流
涎症状，使颈胸部大片被毛浸湿）

【临床用药指南】　种兔或达到出栏标准的商品兔及时淘汰。幼龄兔可用钳子或
剪刀定期将门齿过长的部分剪下，断端磨光，适时出栏。

三十、淋巴肉瘤

淋巴肉瘤是起源于淋巴组织的一种恶性肿瘤。

【病因】　近年研究证明，本病的发生率与遗传有关，是一种常染色体隐性基因
在纯合形成过程中，把淋巴肉瘤的易感性垂直传递给后代而导致的疾病。此外，也可
能与其他因素有关。

【临床症状与病理剖检变化】　本病较多
发生于幼兔和青年兔，6~18 月龄的兔易发。临
床上主要表现：贫血，中性粒细胞减少，而未
成熟的淋巴细胞大量增加，血红蛋白降低。剖
检可见多处淋巴结肿大、呈灰白色，消化道的
淋巴滤泡和淋巴集结明显肿大。脾脏肿大，切
面有灰白色颗粒状结节。肾脏肿大，表面常有
白色斑块和隆起，从切面可见这些病变主要位
于皮质（图 2-101）。肝脏肿大，表面有灰白色
区和结节。胃、扁桃体、卵巢、肾上腺也常出
现肿瘤性病变。

范国雄

图 2-101　淋巴肉瘤
（肾脏有许多灰白色淋巴肉瘤结节。左：肾脏表
面；右：肾脏切面，肿瘤结节主要位于皮质）

【预防】　淋巴肉瘤的发生率与遗传因素有关，因此要加强选种，病兔应淘汰，
不宜留作种用。

第三章　生殖泌尿系统疾病的鉴别诊断与防治

理论上讲，兔的繁殖力很强，但生产中兔群繁殖潜力往往得不到充分发挥，其主要原因之一是由生殖泌尿系统疾病所致，为此，必须重视兔群生殖泌尿系统疾病的防控。

第一节　生殖泌尿系统疾病的种类、诊断思路及鉴别诊断要点

一、疾病的种类

兔群生殖泌尿系统疾病主要分为以下两种。

（1）传染性疾病　主要有密螺旋体病、布鲁氏菌病、沙门菌性流产、脑炎原虫病等。

（2）非传染性疾病　主要有饲料营养不平衡，如缺乏维生素A、维生素E、维生素K等；微量元素缺乏，如锌、铜、锰等缺乏症。高钙引起的尿结石、高钙症等。饲养管理不当，母兔过胖、过瘦；饲料霉变导致流产、死胎等。人工授精操作不当、消毒不严格等导致子宫内膜炎等。此外还有生殖泌尿器官畸形，卵巢、子宫发育不全和肿瘤等疾病。

二、诊断思路

生殖系统疾病主要根据兔群繁殖记录、临床症状、剖检病变等进行诊断。繁殖记录，如兔群母兔配种受胎率、产仔率、活仔率。临床症状，如子宫积脓与否、流产日龄、流产率、外生殖器是否感染等。剖检可见子宫肿大、充血，有粟粒样坏死结节提示沙门菌病；子宫呈灰白色，宫内蓄脓提示巴氏杆菌病、葡萄球菌病；同时结合饲料组成、营养成分测定结果等进行确诊。

泌尿系统疾病诊断，主要检查排尿量、次数、比重、pH（一般为8.2）、排尿姿势、尿液性质、颜色及内含物等情况。

正常情况下，成年兔每千克体重每昼夜排尿为130毫升左右。排尿次数增多，甚至出现尿频和尿淋漓，尿中带血，尿液有氨味，可能患膀胱炎；排尿次数减少、尿色

深、比重大、沉渣增多是急性肾炎、下痢的表现。尿液呈酱油色，可能患豆状囊尾蚴病、肝片吸虫病、肝硬化等。长期血尿但无疼痛感，可能是肾母细胞瘤；排尿疼痛是尿路有炎症的表现；尿闭则可能患膀胱麻痹、括约肌痉挛、尿道结石；尿失禁可能是腰部脊柱损伤或括约肌麻痹的表现。尿液颜色与饲料种类、服用某些药物等有关。

三、鉴别诊断要点

生殖泌尿系统疾病的鉴别诊断要点见表3-1。

表3-1　生殖泌尿系统疾病的鉴别诊断要点

疾病名称	病原/病因	发病特点	示病症状	典型病变
布鲁氏菌病	布鲁氏菌	一年四季发生，性成熟的兔易感，母兔比公兔易感，常散发	母兔流产、子宫炎，从阴道内流出脓性或血样分泌物。公兔的附睾和睾丸肿胀	子宫内蓄脓，黏膜溃疡或坏死。肝脏、脾脏、肺和腋下淋巴结发生脓肿
沙门菌性流产	鼠伤寒沙门菌	多发生于妊娠25天后至将近临产的母兔，其他类型的兔很少发病	病兔食欲锐减或废绝，渴感增强，体温高至41℃，多数发生流产，少数未流产。流产的胎儿皮下水肿，皮肤呈灰褐色；未流产的病兔，一般1~2天内死亡	流产母兔的子宫肿大，浆膜和黏膜充血，壁增厚，并伴有化脓性子宫炎。未流产的母兔子宫内有木乃伊或液化的胎儿。肝脏有坏死灶
兔密螺旋体病	密螺旋体	多发于成年兔，幼兔少见，育龄母兔发病率比公兔高	母兔外阴部、肛门皮肤、黏膜发生炎症、结节和溃疡，公兔包皮、阴囊、阴茎和龟头水肿，感染可能达到鼻唇部	外生殖器周围黏膜红肿，有小结节和痂皮。腹股沟与腘淋巴结肿大
衣原体病	衣原体	一年四季各年龄兔均可感染，呈地方性流行或散发	妊娠兔可发生流产、死胎、弱胎。临床常见的还有肺炎型、肠炎型、脑膜脑炎型	子宫及阴道黏膜发炎，胎儿水肿、皮下及肌肉出血等
维生素A缺乏症	饲料中维生素A缺乏或不足	患肠道疾病的兔多发	仔、幼兔生长发育缓慢。出现繁殖障碍，如受胎率低、胎儿吸收、流产死胎、畸形胎儿（如脑积水、瞎眼等）。还可引起视觉障碍等，如眼睛干燥、结膜发炎、角膜混浊	脑积水的病兔剖检可见脑内有大量的积液
维生素E缺乏症	饲料中维生素E含量不足；饲料中不饱和脂肪酸过多和肝脏疾病影响维生素E的吸收	频密繁殖的母兔多发	肌肉营养不良，出现麻痹，母兔繁殖障碍、流产和死胎	骨骼肌、心肌颜色变浅或苍白，呈透明样变性、坏死
维生素K缺乏症	饲料中缺乏维生素K	患胃肠道疾病、肝病或长期给予磺胺类药物的兔群多发	轻微的创伤也会造成血管破裂，导致大量出血，凝血时间延长，易发生出血性素质。严重者排红色血尿。妊娠兔发生流产及产后出血	血凝不良或不凝

疾病名称	病原/病因	发病特点	示病症状	典型病变
子宫内膜炎	难产、子宫内膜损伤或患有其他疾病等	繁殖母兔多发	常常弓背、努责及呈排尿姿势；从子宫内流出灰白色分泌物	子宫黏膜充血、肿胀、溃疡
阴道炎	在交配、人工授精、分娩、难产时阴道黏膜受到损伤感染	繁殖母兔多发	阴道黏膜潮红肿胀，不断排出炎性分泌物	阴道黏膜有炎症
阴部炎	外伤、交配、细菌感染	繁殖母兔多发	阴唇肿大、潮红湿润，有痒感，可发生溃烂、结痂，拒配	阴部红、肿、溃烂
妊娠毒血症	病因不十分清楚，但妊娠末期营养不足，特别是碳水化合物缺乏易引发本病	呈散发	废食，精神沉郁，呼吸困难，呼出气体有烂苹果味（酮味）。流产、共济失调	肝脏、肾脏、心脏苍白，脂肪变性；脑垂体变大，肾上腺及甲状腺变小、苍白
乳腺炎	积奶、外伤、乳房红肿、细菌感染等均可引起乳腺炎	饲养管理不当、卫生条件差的兔群多发	乳房红胀、发热、疼痛、敏感，继而呈蓝紫色	乳房肿胀，有化脓灶
尿石症	高钙日粮，饮水不足，维生素A缺乏，日粮中精料比例过大，肾脏及尿路感染发炎等均可引起本病	成年兔、老龄兔多发	精神萎靡，食欲不振，仅采食青绿多汁饲料，尿量很少或呈滴状淋漓，尾部常被尿液沾湿。排尿困难，弓背，有时排血尿	肾盂、膀胱与尿道内有数量不等、大小不一的结石，局部黏膜出血、水肿或形成溃疡
子宫腺癌	多种原因，包括各种因素造成的内分泌紊乱等	多发生于4岁以上的老龄兔	受胎率降低，窝产仔数减少，产死胎增多，仔兔被母兔遗弃等。出现难产、胎儿在子宫内潴留、宫外孕和胎儿在子宫内被吸收的现象	子宫黏膜上有数量不等的肿瘤

第二节　常见疾病的鉴别诊断与防治

一、沙门菌性流产

本病是由鼠伤寒沙门菌引起的妊娠后期（25天以后）母兔流产和死胎的疾病。流产母兔常死亡，未死亡的母兔康复后不易受胎，给生产造成较大的损失。

【流行特点】本菌存在于外表健康的动物机体内，使之成为带菌者。主要传播途径为消化道。本病多发生于妊娠25天后至将近临产的母兔，妊娠兔发病率可高达

57%，流产率达 70%，致死率为 44%。而妊娠初期、空怀母兔、后备母兔、仔兔及公兔均无发病和死亡。

【临床症状与病理剖检变化】 突然发病。病兔不安，食欲锐减或废绝，渴感增强，体温高至 41℃，多数发生流产，少数未流产。流产的多发生在妊娠后 25 天之后，因此流产的胎儿多数发育完全，但形状不一，大多数胎儿皮下水肿，皮肤呈灰褐色，也有的胎儿木乃伊化、腐烂或液化。未流产的病兔，一般 1~2 天内死亡。病兔无论流产与否，阴道内均有脓性污物流出。

剖检可见流产的病兔子宫肿大，浆膜和黏膜充血，壁增厚，并伴有化脓性子宫炎（图 3-1），局部黏膜覆盖一层浅黄色纤维素性污秽物。有的病例子宫黏膜充血或溃疡。未流产的病兔子宫内有木乃伊或液化的胎儿（图 3-2）。肝脏有弥漫性或散在的浅黄色针头至芝麻大的坏死灶。胆囊肿大，充满胆汁。多数病例脾脏肿大至正常大小的 2~4 倍，呈暗红色。肾脏有散在的针头大的出血点，少数病例肺有散在的绿豆大的出血点。

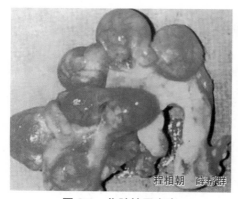

图 3-1　化脓性子宫炎

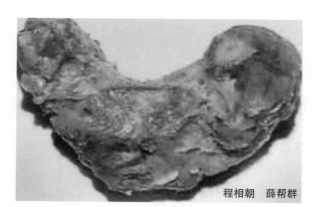

图 3-2　木乃伊胎儿（标本）

【类症鉴别】

（1）**与李氏杆菌病的鉴别**　李氏杆菌除引起妊娠母兔流产症状外，病兔还常有神经症状出现，尤其是慢性型的病兔常头颈歪斜，运动失调，而沙门菌性流产无神经症状。这两种病在肝脏均有相似坏死病灶，但李氏杆菌病病兔的胸腔、腹腔和心包有清朗积液，而沙门菌病无此种病理变化。

（2）**与霉菌性流产的鉴别**　霉菌性流产常因饲喂霉变饲料而致。妊娠母兔流产的发生常呈暴发性，各种妊娠年龄的母兔均可发生。病兔肝脏肿大、硬化，子宫黏膜充血。上述这些症状及病变与沙门菌性流产不同，可进行鉴别诊断。

【预防】

1）做好引种检疫工作。严禁从患本病的兔场引种。

2）做好兔场灭鼠、防鼠工作。

3）注射鼠伤寒沙门菌灭活苗。应对有本病史的兔群，每只每年注射2次，皮下注射，每只1毫升，可以完全防止本病的流行。

【临床用药指南】　兔群一旦发现有本病的流行，立即对妊娠后期的母兔进行治疗。

合霉素粉：20~50毫克/千克体重，每天1次，连续3天。

二、兔密螺旋体病

兔密螺旋体病俗称兔梅毒，是由兔密螺旋体引起的成年兔的一种慢性传染病。

【流行特点】　本病只发生于家兔和野兔，病原体主要存在于病变部组织。本病主要通过配种经生殖器传播，故多见于成年兔，青年兔、幼兔很少发生。育龄母兔发病率比公兔高，放养兔比笼养兔发病率高，发病的兔几乎无一死亡。

【临床症状与病理剖检变化】　潜伏期为2~10周。病兔精神、食欲、体温均正常，主要病变为母兔阴唇、肛门皮肤和黏膜发生炎症、结节和溃疡。公兔阴囊水肿，皮肤呈糠麸样。阴茎水肿，龟头肿大，睾丸也会发生病变（图3-3~图3-6）。通过搔抓病部，可将其分泌物中的病原体带至其他部位，如鼻、唇、眼睑、面部、耳等处（图3-7）。慢性者导致患部呈干燥鳞片状病变，被毛脱落。腹股沟与腘淋巴结肿大。母兔患病后失去配种能力，受胎率下降。

陈怀涛

图3-3　龟头与包皮红肿

图3-4　阴部皮肤发炎、结痂

图3-5　阴部有痂皮，鼻部发炎、结痂

【类症鉴别】

（1）与外生殖器官炎症的鉴别　外生殖器官炎症可发生于不同年龄兔，仔兔可死亡，妊娠兔可流产，阴道流出黄白色黏稠的脓液，阴部和阴道黏膜溃烂，常形成溃疡面，形状如花椰芽样，或有大小不一的脓疱。而兔密螺旋体病多发生于成年兔，尤其是经配种的公、母兔，病兔不发生流产、死亡，无脓疱，阴道无脓性分泌物。

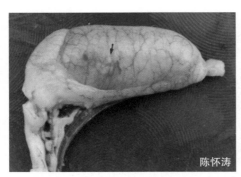

陈怀涛

图 3-6　睾丸肿大、充血、出血，
并有黄色坏死灶

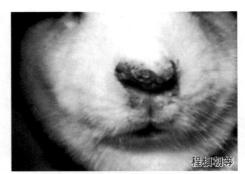

程相朝等

图 3-7　鼻、唇部皮肤发炎并结痂

（2）与疥螨病的鉴别　兔疥螨病病变多发生于少毛或无毛的足趾、耳壳、耳尖、鼻端及口腔周围等部的皮肤。患部的皮肤充血、出血、肥厚、脱毛，有浅黄色渗出物、皮屑和干涸的痂皮。而外生殖器官的皮肤和黏膜无上述病理变化。

【预防】

1）定期检查公、母兔外生殖器，对病兔或可疑兔停止配种，隔离治疗。重病者淘汰，并用 1%~2% 氢氧化钠溶液或 3% 来苏儿对兔笼用具、环境进行消毒。

2）引进的种兔，隔离饲养 1 个月，确认无病后方可入群。

【临床用药指南】　采取局部与全身治疗相结合的治疗方式，效果较好。

（1）局部治疗　可用 2% 硼酸溶液或 0.1% 高锰酸钾溶液冲洗后，涂擦碘甘油或青霉素软膏。治疗期间停止配种。

（2）全身治疗

［方1］　苄星青霉素 G：42000 国际单位 / 千克体重，皮下注射，每周 1 次，连用 3 周，可根除兔群内的密螺旋体病。

［方2］　新砷凡钠明：40~60 毫克 / 千克体重，用生理盐水配成 5% 溶液，耳静脉注射。一次不能治愈者，间隔 1~2 周重复 1 次。配合青霉素，效果更佳。青霉素 2 万 ~ 4 万单位 / 千克体重，每天 2 次，肌内注射，连用 3~5 天。

［方3］　氨苄西林钠：肌内注射，10~20 毫克 / 千克体重，每天 2 次，连用 2~3 天。

［方4］　盐酸四环素：静脉注射，5~10 毫克 / 千克体重，每天 2 次，连用 2~3 天。

用新砷凡钠明进行静脉注射时，切勿漏出血管外，以防引起坏死。用青霉素治疗期间应增喂干草，同时注意消化道疾病的发生。

本病对人和其他动物无感染力。

三、衣原体病

衣原体病又称为鹦鹉热或鸟疫，是由鹦鹉热衣原体引起的兔的一种传染病。临床上以子宫炎、流产、死胎、产弱仔或不孕等为特征。

【流行特点】 本病经呼吸道、口腔及胎盘感染。螨、虱、蚤与蜱为传播媒介。各品种、各年龄的兔均可感染发病，但以6~8周龄的兔发病率最高，长毛兔多发。本病一年四季均可发生，呈地方性流行或散发。兔营养不良、过度拥挤、长途运输、患细菌性或原虫性疾病、环境污染等应激状态，可导致发病而大批死亡。

【临床症状与病理剖检变化】 妊娠兔发生流产，产死胎、弱胎，或产期推迟1~2天。流产后往往胎衣滞留，流产兔阴道排出分泌物可达数天（图3-8）。有的病兔继发感染细菌性子宫内膜炎而死亡。流产过的母兔一般不再发生流产。发病的兔群中公兔患睾丸炎、附睾炎等疾病。

流产的母兔胎膜水肿、增厚，子宫呈黑黄色或土黄色（图3-9）。流产的胎儿水肿，皮肤、皮下组织、胸腺及淋巴结等处有点状出血，肝脏充血、肿胀，表面可能有针尖大小的灰白色病灶。

图3-8 患兔排出的脓性分泌物

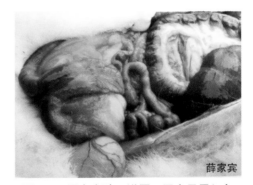

图3-9 子宫水肿、增厚，子宫呈黑红色

【预防】 兔场严禁饲养其他动物，防止禽类进入兔舍，消灭各种吸血昆虫、蜱和老鼠。引进种兔要严格检疫。

【临床用药指南】

[方1] 金霉素：40毫克/千克体重，肌内注射，每天2次，连用5天；或混入饲料内喂服，或以0.02%~0.03%混入水中自饮，连用5~7天，停药3天，再用药1个疗程。

[方2] 土霉素：30~50毫克/千克体重，内服，每天2次。

[方3] 四环素：每只兔每次内服100~200毫克，每天2次，连用4天。

[方4] 红霉素：每次每只兔肌内注射50~100毫克，每天3次，连用3天。

流产的母兔可用0.1%高锰酸钾溶液冲洗产道，然后放入金霉素胶囊，每天1次。同时注意支持疗法与对症治疗，方能收到良好的效果。

四、维生素 A 缺乏症

维生素 A 缺乏症是兔维生素 A 长期摄入不足或吸收障碍所引起的一种慢性代谢病，其特征为生长迟缓、角膜混浊和繁殖机能障碍等。

【病因】日粮中缺乏青绿饲料、胡萝卜素或维生素 A 添加剂；饲料贮存方法不当，如暴晒、氧化等，破坏饲料中维生素 A 前体。患肠道病、肝型球虫病等，影响维生素 A 的吸收转化和贮存。

【临床症状与病理剖检变化】仔、幼兔生长发育缓慢。母兔繁殖率下降，不易受胎，受胎的易发生早期胎儿死亡和吸收、流产、产死胎或产出先天性畸形胎儿（如脑积水、失明等）（图 3-10～图 3-12）。脑积水兔头颅较大，用手触摸软，剖检可见脑内有大量的脑脊液（图 3-13）。长期缺乏可引起视觉障碍，如眼睛干燥，结膜发炎，角膜混浊，严重者失明。有的病兔出现转圈、惊厥、左右摇摆、四肢麻痹等症状（图 3-14）。

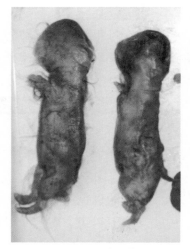

图 3-10　脑积水
（初生仔兔头颅骨膨大）

图 3-11　仔兔头颅骨积水膨大

图 3-12　眼疾
（整窝仔兔出生后眼角膜混浊，失明）

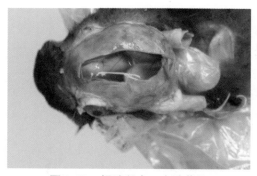

图 3-13　颅腔积水，大脑萎缩

图 3-14　头颅膨大，四肢麻痹

【预防】

1）散养兔经常加喂青绿多汁饲料。

2）供给兔营养全价、平衡的饲料。保证每千克兔饲料中有 1 万国际单位的维生素 A。

3）及时治疗兔球虫病和肠道疾病。

【临床用药指南】

［方1］ 维生素 A 注射液：肌内注射，每只兔每次 0.5 毫升（1 毫升含 2500 单位），每天 1 次，连用 5~7 天。或按 400 单位 / 千克体重，连用 5~7 天。

［方2］ 鱼肝油滴剂（维生素 AD 滴剂）：每只兔每次 1~2 毫升，每天 1 次，连用 7 天。

［方3］ 群发病可按 10 千克饲料中加 4 毫升鱼肝油或维生素 A，混匀饲喂。

五、维生素 E 缺乏症

维生素 E 缺乏症是由维生素 E 缺乏引起的营养缺乏病，其特征为幼兔生长迟缓、运动障碍、肌肉变性苍白；成年兔繁殖功能下降等。

【病因】 饲料中维生素 E 含量不足；饲料中含过量不饱和脂肪酸（如猪油、豆油等），酸败产生过氧化物，促进维生素 E 的氧化。兔患肝脏疾病，如兔患球虫病时，维生素 E 贮存减少，而利用和破坏反而增加。

【临床症状与病理剖检变化】 病兔表现强直、进行性肌肉无力（图 3-15）。不爱运动，喜卧地，全身肌肉紧张性降低。肌肉萎缩并引起运动障碍，步态不稳，平衡失调，食欲减退至废绝。体重逐渐减轻，全身衰竭，大小便失禁，直至死亡。幼兔生长发育停滞。母兔受胎率降低，发生流产或死胎；公兔睾丸损伤，精子产生减少。剖检可见骨骼肌、心肌颜色变浅或苍白，镜检呈透明样变性、坏死（图 3-16），也见钙化现象，尤以骨骼肌变化明显。

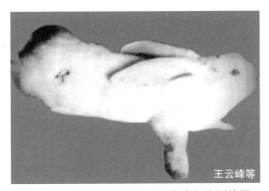

图 3-15 病兔肌肉无力，两前肢向外侧伸展

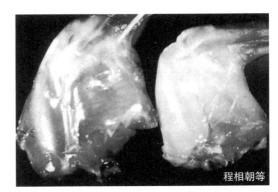

图 3-16 横纹肌透明、变性、苍白

【预防】

1）经常喂给兔青绿多汁饲料，如大麦芽、苜蓿等，或补充维生素 E 添加剂。

2）保证饲料新鲜，禁止饲喂含不饱和脂肪酸的酸败饲料。

3）及时治疗兔肝脏疾病，如兔球虫病等。

【临床用药指南】

［方1］ 添加维生素 E：每天 0.32~1.4 毫升 / 千克体重，连用 2~3 天。

［方2］维生素 E 制剂：肌内注射，每只兔每次 1000 国际单位，每天 2 次，连用 2~3 天。

值得注意的是，治疗维生素 E 缺乏症，只能通过加入维生素 E 来治疗，添加硒没有效果，这是由于兔组织中非硒谷胱甘肽过氧化物酶的含量高。

六、维生素 K 缺乏症

本病是因饲料中缺乏维生素 K 引起的以机体出血性素质为特征的营养缺乏症。

维生素 K 又名凝血维生素或抗出血维生素。在自然界中，主要有两种，即维生素 K_1 和维生素 K_2。维生素 K 的生理功能主要催化肝脏中对凝血酶原和凝血活素的合成，当维生素 K 不足或缺乏时，由于限制了凝血酶原合成使凝血作用不能完成，而延长了凝血时间，严重时可以出血不止。

【病因】①维生素 K 可经肠道的微生物合成，兔可以通过自食软粪来补充维生素 K，因其他原因引起兔不食软粪而导致本病发生。②饲料中缺乏绿色植物饲料或使用腐败变质饲料。③患胃肠道疾病和肝病易发，如肝型球虫病等。④长期给予抗生素药物（如氯霉素、磺胺类药物）也可发生本病。⑤饲料中含有双香豆的饲草（如草木樨等），能影响维生素 K 的吸收和利用，导致维生素 K 缺乏症。

【临床症状与病理剖检变化】维生素 K 缺乏时，可使机体的凝血机能失调，即使轻微的创伤也会造成血管破裂，导致大量出血，凝血时间延长，易发生出血性素质。严重者排红色血尿，一有出血便很难止住，血凝不良或不凝，妊娠母兔发生流产及产后出血。

【预防】

1）加强饲养管理，兔日粮中要有适当比例的青绿饲料或维生素 K 添加剂。

2）及时治疗慢性消化道疾病和肝病。

3）注意饲料的贮存，防止霉变。

【临床用药指南】 每只病兔可用 10% 葡萄糖 30 毫升加维生素 K 1 毫升进行耳静脉注射，同时在饮水和饲料中适当加入维生素 K 添加剂。

七、生殖器官炎症

生殖器官炎症是指非传染性原因所致的生殖器官炎症的总称，包括母兔的阴部炎、阴道炎和子宫内膜炎，以及公兔的包皮炎和阴囊炎等，这是兔常见的一类炎症性疾病。

【**病因**】 母兔生殖器官炎症多由于分娩或外伤感染造成。公兔生殖器官炎症常因包皮内蓄积污垢、寄生虫或外伤等引起。

【**临床症状与病理剖检变化**】

（1）**阴部炎** 外阴红肿，严重时溃烂并结痂，有的发生脓肿（图3-17和图3-18）。

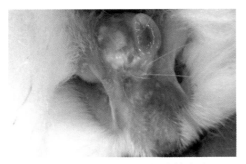

图3-17 外阴部发生化脓性炎症

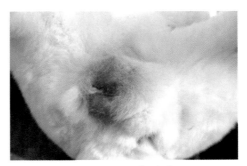

图3-18 阴部脓肿

（2）**阴道炎** 阴道黏膜肿胀、充血及溢血，从阴道内流出不同性状的分泌物。

（3）**子宫内膜炎** 从阴道内排出污秽恶臭的白色分泌物（图3-19），母兔时常努责，屡配不孕。剖检可见子宫内膜潮红、附有白色脓液（图3-20），子宫黏膜、浆膜上有大小不等脓肿（图3-21）。

（4）**包皮炎** 包皮热痛肿胀，尿流不齐，积垢坚硬如石，严重时排尿困难。包皮、阴茎发炎，内有白色脓汁（图3-22）。

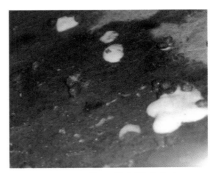

图3-19 从阴道内排出白色乳油状分泌物

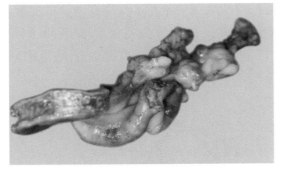

图3-20 子宫内膜潮红，附有白色脓液

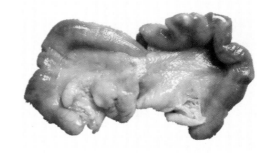

图3-21 子宫黏膜上有白色脓肿

（5）**阴囊炎** 阴囊皮肤呈炎性充血肿胀（图3-23），严重时化脓破溃。如炎症波及内部组织，则睾丸可肿大、疼痛。

【**预防**】

1）保持兔笼清洁卫生，清除带尖刺的异物。

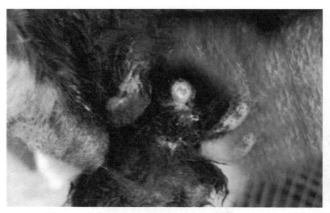

图 3-22　包皮及阴茎发炎化脓，见有白色脓汁　　　　　图 3-23　阴囊皮肤潮红稍肿胀

2）防止外伤。3 月龄以上兔要分笼饲养，防止相互咬架。一旦发现有外伤，及时用碘酊涂擦。

3）隔离病兔。发现病兔，立即隔离，并禁止患本病的兔参加配种。

【临床用药指南】　患部先用 0.1% 高锰酸钾溶液、3% 过氧化氢溶液、0.1% 雷佛奴尔（依沙吖啶）或 0.1% 新洁尔灭溶液清洗，再涂消炎软膏，每天 2~3 次，并配合全身治疗，如肌内注射青霉素，每只兔 10 万单位。也可口服磺胺噻唑，首次量为 0.2 克 / 千克体重，每天 3 次，维持量减半。为促进子宫腔内分泌物的排出，可使用子宫收缩剂，如每只兔皮下注射垂体后叶素 2 万 ~4 万单位。当母兔患子宫内膜炎、子宫积脓等疾病时，最好将其淘汰。

八、不孕症

不孕症是引起母兔暂时或永久性不能生殖的各种繁殖障碍的总称。

【病因】　①母兔过肥、过瘦，饲料中蛋白质缺乏或质量差，维生素 A、维生素 E 或微量元素等含量不足，换毛期间内分泌机能紊乱。②公兔过肥，长时间不用。③配种方法不当。④各种生殖器官疾病，如子宫炎、阴道炎、输卵管积脓、卵巢脓肿、肿瘤、胎儿滞留等。⑤生殖器官先天性发育异常等。

【临床症状与病理剖检变化】　母兔过肥，卵巢被脂肪包围，排卵受阻。正在换毛的兔易屡配不孕。剖检可见子宫积脓、肿瘤，如子宫炎、阴道炎、输卵管积脓、卵巢脓肿、子宫浆膜上脓疱、卵巢肿瘤，胎儿滞留或生殖器官先天异常等（图 3-24~ 图 3-29）。

【预防】　要根据不孕症的原因制订防治计划，如加强饲养管理，供给全价日粮，保持种兔正常体况，防止过肥、过瘦。光照充足。

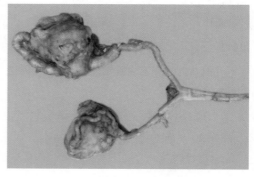

图 3-24　卵巢脓肿，输卵管内有脓液

掌握发情规律，适时配种。及时治疗或淘汰患生殖器官疾病的种兔。对屡配不孕者应检查子宫状况，有针对性地采取相应措施。

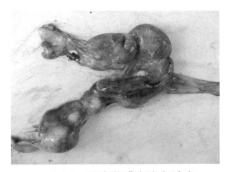

图 3-25　子宫浆膜有许多脓疱

图 3-26　卵巢肿瘤

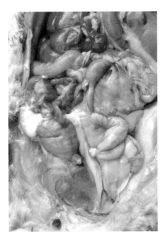

图 3-27　子宫积脓

图 3-28　子宫内胎儿木乃伊化

【临床用药指南】

[方1]　过肥的兔通过降低饲料营养水平或控制饲喂量降低膘情，过瘦的种兔提高饲料营养水平或增加饲喂量，恢复体况。

[方2]　若因卵巢机能降低而不孕，可试用激素治疗。皮下或肌内注射促卵泡素（FSH），每次 0.6 毫克，用 4 毫升生理盐水溶解，每天 2 次，连用 3 天，于第 4 天早晨母兔发情后，再耳静脉注射 2.5 毫克促黄体素（LH），之后马上配种。用量一定要准，剂量过大反而效果不佳。

图 3-29　子宫内的死胎

九、宫外孕

宫外孕是指胚胎在腹腔异常发育导致死亡的过程。

【病因】　原发性极为少见，继发性多见，一般多因输卵管破裂或妊娠兔子宫破裂使胚囊凸入腹腔，但仍与附着在输卵管或子宫上的胎盘保持联系，故胚胎可继续生长，但由于胚盘附着异常，血液供应不足，胎儿生长至一定体积即死亡。

【临床症状与病理剖检变化】　病兔精神、食欲正常，但母兔拒配。外观腹围增大，用手触摸时，腹腔有胎儿，胎儿大小不一，但迟迟不见产仔。剖宫产或剖检时可见胎儿附着于胃小弯部的浆膜上、盆腔部或腹壁，胎儿大小不一，有成形的，有未成形的，胎儿外部常有一层较薄的膜或脂肪包裹着（图3-30和图3-31）。

图3-30　宫外孕胎儿与膀胱浆膜相连

图3-31　宫外孕的胎儿
（胎儿大小不一，有的已成形，有的仅为一肉样团块）

【预防】　保持饲养环境安静是预防本病的重要措施。

【临床用药指南】　如确认是宫外孕，可采取手术取出死亡胎儿。一般术后良好，可继续配种繁殖。

十、流产、死产

流产是胎儿或（和）母体的生理过程受到破坏所导致的妊娠未足月即排出胎儿，妊娠足月但产出死胎称为死产。

【病因】　引起流产的原因很多，主要有机械性、精神性、药物性、营养性（维生素A、维生素E缺乏等）、中毒性（霉菌毒素中毒等）和疾病性等原因。

一般初产母兔出现死产的较多。机械性、营养缺乏、中毒和疾病（如沙门菌病、妊娠毒血症等）等均可引起死产。

【临床症状与病理剖检变化】　多数母兔突然流产，一般无特征表现，只是在兔笼内发现有未足月的胎儿、死胎或仅有血迹才被注意（图3-32）。发病缓慢者，可见如正常分娩一样的衔草、拉毛做窝等行为，但产

图3-32　兔笼底板上流产的肉块状物（胎儿）

出不成形的胎儿。有的胎儿多数被母兔吃掉或掉入笼底板下。流产后母兔精神不振，食欲减退，体温升高，有的母兔在流产过程中死亡。

【预防】 本病关键在于预防，根据不同病因采取相应的措施。

【临床用药指南】 发现有流产征兆的母兔可用药物进行保胎，方法是每只母兔肌内注射黄体酮 15 毫克。流产母兔易继发阴道炎、子宫炎，应使用磺胺等抗生素类药物控制炎症以防感染，同时应加强营养，防止受凉，待完全恢复健康后才能进行配种。

如果母兔连续两胎死胎率仍然很高，在无其他原因的情况下要将其淘汰。

十一、难产

难产是妊娠兔分娩时胎儿不能从母体顺利产出的一种疾病。

【病因】 ①产力性难产。母兔产力不足，无法排出胎儿，常见于母兔过肥或过瘦、过度繁殖、缺乏运动或年龄过大。②胎儿性难产。与之交配的公兔体形过大，妊娠期营养过剩，胎儿过大，或胎儿异常、畸形，胎势不正等。③生殖器官畸形，产道狭窄。骨盆狭小或骨折变形、盆腔肿瘤都可造成产道狭窄引起难产。④初配月龄较高的母兔多发。

【临床症状与病理剖检变化】 妊娠母兔已到产期，拉毛做窝，有子宫阵缩努责等分娩预兆，但不能顺利产出仔兔；或产出部分仔兔后仍起卧不安，鸣叫，频频排尿，也有从阴门流出血水，有时可见胎儿的部分肢体露出阴门外。

【预防】

1）加强饲养管理，防止母兔过肥或过瘦。

2）适时配种。母兔过早交配或过晚交配，难产发生率都较高，根据品种确定初配年龄和体重。

3）避免近亲繁殖。

4）母兔临产前后保持环境安静。

【临床用药指南】 应根据原因和性质，采取相应治疗措施。

1）产力不足者，可先往阴道内注入 0.5% 普鲁卡因 2 毫升，使子宫颈张开。过 5~10 分钟肌内注射催产素 5 单位，同时配合腹部按摩。使用催产素前胎位必须正确，否则会造成母仔双亡。

2）对催产素无效、骨盆狭窄、胎头过大、胎位胎向不正时，可首先进行局部消毒，产道内注入温肥皂水，操作者用手指或助产器械矫正胎位、胎向，将仔兔拉出。如果仍不能拉出胎儿，可进行剖宫产。

3）对于死胎造成的难产，将消毒的人用导尿管插入子宫，用注射器灌入温青霉素生理盐水，直至从阴门流出为度（100~200 毫升），一般经 30 分钟死胎可被排出，母兔即恢复正常。

剖宫产手术：将母兔仰卧保定，局部消毒并麻醉，在腹部后端至耻骨前缘的腹正中线处切开（可采用横向侧面的切口，具有避免损伤乳腺的优点），取出子宫，用消毒纱布将子宫和腹壁刀口隔开，切开子宫取出胎儿（图3-33），缝合子宫并纳于腹腔，最后结节缝合腹壁。术后用青霉素肌内注射3~5天，以防感染。对于尚存活的胎儿，应立即打开胎胞，取出胎儿，剪断脐带，擦净身上、鼻孔处的黏液，让仔兔吃到初乳。

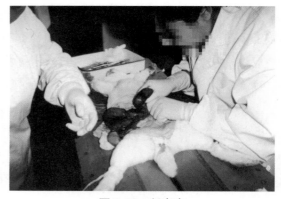

图3-33　剖宫产
（从子宫内取出胎儿）

十二、妊娠毒血症

妊娠毒血症是兔妊娠末期营养负平衡所致的一种代谢障碍性疾病，由于有毒代谢产物的作用，致使兔出现意识和运动机能紊乱等神经症状。主要发生于妊娠兔产前4~5天或产后。

【病因】　病因仍不十分清楚，但妊娠末期营养不足，特别是碳水化合物缺乏易引发本病，尤以怀胎多且饲喂不足的母兔多见。可能与内分泌机能失调、肥胖和子宫肿瘤等因素有关。胃中有毛球导致厌食，也是引发本病的一个常见原因。

【临床症状与病理剖检变化】　初期精神极度不安，常在兔笼内无意识漫游，甚至用头顶撞笼壁，安静时缩成一团，精神沉郁，食欲减退，呼吸困难，呼出的气体带酮味（似烂苹果味）。全身肌肉间歇性震颤，前、后肢向两侧伸展（图3-34），有时呈强直痉挛，有的发生流产。严重病例出现共济失调，惊厥，昏迷，最后死亡。肝脏和肾脏脂肪变性是最主要的病理变化，主要因机体动员脂肪，将脂肪运转到肝脏分解供能，导致脂肪肝。剖检可

图3-34　病兔全身无力，四肢不能支持躯体

见乳腺分泌功能旺盛，心脏增大，心内、外膜均有黄白色条纹，肠系膜脂肪有坏死区（图3-35和图3-36）。肝脏、肾脏肿大，带黄色。组织上可见明显的肝脏和肾脏脂肪变性。血液检查，血清非蛋白氮显著增多，血钙减少，血液磷酸盐增多，丙酮试验呈阳性。

【预防】

1）合理搭配饲料，妊娠初期，适当控制母兔营养，以防过肥。

图 3-35　妊娠毒血症　乳腺分泌功能旺盛　　　　　　　　图 3-36　肠系膜脂肪有灰白色坏死区

2）妊娠末期，饲喂富含碳水化合物的全价饲料，避免不良刺激（如饲料和环境突然变化等）。

3）青年母兔适当提前配种，有助于防止本病的发生。

【临床用药指南】添加葡萄糖可防止酮血症的发生和发展。治疗的原则是保肝解毒，维护心脏、肾脏功能，提高血糖，降低血脂。发病后每只兔口服丙二醇 4.0 毫升，每天 2 次，连用 3~5 天。还可试用肌醇 2.0 毫升、10% 葡萄糖 10.0 毫升、维生素 C 100 毫克，1 次静脉注射，每只每天 1~2 次。每只肌内注射复合维生素 B 1~2 毫升，有辅助治疗作用。

十三、乳腺炎

乳腺炎，也叫蓝色乳房症，是兔乳腺组织的一种炎症性疾病，严重危害繁殖母兔，仔兔成活率下降。

【病因】①过多乳汁的刺激。母兔妊娠末期、哺乳初期大量饲喂饲料（或精料），营养过剩，产仔后乳汁分泌多而稠，或因仔兔少或仔兔弱小不能将乳房中的乳汁吸完，均可使乳汁在乳房里长时间过量蓄积而引起乳腺炎。②创伤感染。乳房受到机械性损伤后伴有细菌感染，如仔兔啃咬、抓伤、兔笼和产箱进出口的铁丝等尖锐物刺伤等。创伤感染的病原菌主要有金黄色葡萄球菌、链球菌和其他细菌。③患其他传染病时可伴发乳腺炎。④兔舍及兔笼卫生条件差，也容易诱发本病。

【临床症状与病理剖检变化】

（1）**败血型**　精神沉郁，食欲降低或废绝，体温升高，伏卧，拒绝哺乳。初期乳房局部红、肿、热、痛，稍后即呈蓝紫色，甚至呈乌黑色（图 3-37），若不及时治疗，多在 2~3 天内因败血症而死亡。

（2）**普通型**　一般仅限于一个或多个乳头，患部红肿、充血，乳头焦干，皮肤紧张发亮，触之有灼热感。病兔通常拒绝哺乳。

（3）**化脓型**　化脓性乳腺炎表现为乳腺内有单发或多发脓肿（图 3-38 和图 3-39）。患部坚硬，病兔步行困难，拒绝哺乳，精神不振，食欲减退，体温可达 40.5℃以上。剖检可见乳腺区内有大小不等的脓肿，内含白色乳油状脓汁（图 3-40）。有时乳腺内脓肿可在乳房皮肤破溃并向外排出脓汁。

患乳腺炎母兔生的仔兔易发生黄尿病。

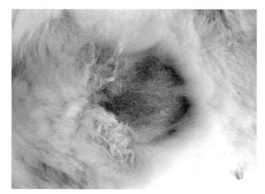

图 3-37　乳区皮肤呈黑色

图 3-38　乳头附近的乳腺组织发生脓肿

图 3-39　多个乳头发生脓肿，脓液呈白色

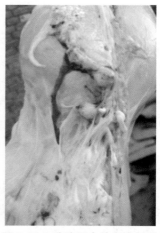

图 3-40　乳腺区内的多发性脓肿，脓肿内含白色乳油状脓汁

【预防】

1）根据仔兔数量，适当调整产前、产后饲喂量，以防引起乳汁分泌的异常（过稠过多或过稀过少），避免乳腺炎的发生。

2）保持兔笼和产仔箱的清洁卫生，清除尖锐物，特别要保持兔笼与产箱进出口处的光滑，以免损伤乳头。

3）对本病发生率较高的兔群，除改善饲养管理制度外，繁殖母兔皮下注射葡萄球菌菌苗 2 毫升，每年 2 次，可减少本病的发生。

【临床用药指南】　一般情况下，1~2 个乳头受损的情况下可以进行治疗。如果 2 个以上乳头受损应将其淘汰。

［方1］患病初期24小时内先用冷毛巾冷敷，同时挤出乳汁，1天后用热毛巾进行热敷，每次15~30分钟，每天2~3次，或涂擦5%鱼石脂软膏。

［方2］局部封闭治疗：用青霉素普鲁卡因混合液（青霉素3万~5万单位、0.25%普鲁卡因溶液30~50毫升）进行封闭注射，患部周围分4~6点，皮下注射，可隔1~2天再进行封闭1次，连续2~3次即可收效。

［方3］局部治疗：可用恩诺沙星或硫酸卡那霉素注射液在患部多点注射，前者2.5~5毫克/千克体重，每天1~2次，连用2~3天；后者10~15毫克/千克体重，每天2次，连用3~5天。

［方4］全身治疗：每只兔用青霉素、链霉素各20万单位进行肌内注射，每天2次，连续3~5天。

［方5］排脓：如发生脓肿，则需开刀排脓。手术治疗虽然可康复，但泌乳机能会受到影响。对于有多个乳头发生脓肿的病兔，最好将其淘汰。

如果兔群中本病的发生率高，应分析检查饲料营养水平、饲喂量、饲养方式等，采取相应的措施。

十四、阴道脱

本病是阴道壁的一部分或全部翻出于阴门外。

【病因】过度努责或阴道组织松弛、体质虚弱、运动不足及剧烈腹泻等均可引起本病。

【临床症状与病理剖检变化】病兔精神不振，食欲下降或废绝。笼底有血迹，后肢、尾部沾有血液，阴门外有呈球形红色组织（阴道）凸出，瘀血、水肿（图3-41和图3-42）。脱出时间较长时翻出的阴道黏膜可发炎或坏死。

图3-41　病兔后肢、尾部沾
有血液，阴道脱出、红肿

图3-42　阴门外脱出部瘀血、水肿。
上方为凸出的子宫颈

【预防】加强饲养管理，适当增加光照和运动。

【临床用药指南】 先清除阴道黏膜黏附的粪便、兔毛等污物，再用3%温明矾水溶液浸洗脱出部，使其收缩。若脱出时间较长，用盐水清洗，使其脱水缩小以便整复。清洗后，由助手提起病兔的两后肢，操作者一手轻轻托起脱出部，一手用三指交替地从四周将其仔细推入体内。然后往阴道内放入广谱抗生素1片（如金霉素），并提起后肢将病兔左右摇摆几次，拍击病兔臀部以助阴道收缩复位，然后肌内注射抗生素。

十五、尿石症

尿石症即尿结石，是指尿路中形成硬如砂石状的盐类凝固物，刺激黏膜引起出血、炎症和尿路阻塞等病变的疾病。

【病因】 饲喂高钙日粮，饮水不足，维生素A缺乏，日粮中精料比例过大，代谢失调，肾及尿路感染发炎等均可引起本病。

【临床症状与病理剖检变化】 病初无明显症状，随后精神萎靡，不思饮食或不吃颗粒料，仅采食青绿饲草、多汁饲料，尿量很少或呈滴状淋漓，尾部经常性被尿液浸湿。排尿困难，拱背，粪便干、硬、小，有时排血尿，日渐消瘦，后期后肢麻痹、瘫痪。剖检可见肾盂、膀胱与尿道内有数量不等、大小不一的浅黄色结石，局部黏膜出血、水肿或形成溃疡（图3-43~图3-48）。

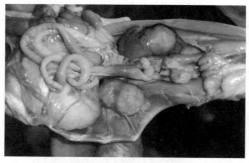

图3-43 双肾肿大，表面凹凸不平，颜色变浅

图3-44 右肾肿大，出血。左肾萎缩，在肾切面见肾盂中有浅黄色的大小不等的结石

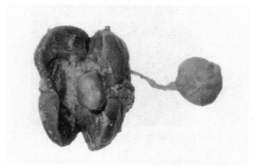

图3-45 左肾肿大，内有较大的表面光滑的结石，右肾较小

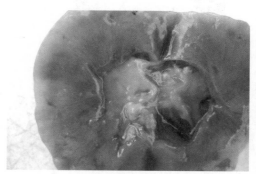

图3-46 肾盂中大小不等的浅黄色结石

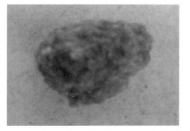

图 3-47 结石表面粗糙不平，呈浅黄色　　图 3-48 表面较光滑的结石

【预防】 合理配制日粮，精料比例不宜过高，钙磷比例适中，补充维生素 A，保证充足的饮水。

【临床用药指南】 治疗可采取酸化尿液、降低饲料中钙的含量和外科取石手术。

[方1] 结石较小时，每天每只兔口服氯化铵 1~2 毫升，连用 3~5 天，停药 3~5 天后再按同法治疗 5 天。

[方2] 较大的肾结石、膀胱结石应进行手术治疗或将病兔淘汰。

十六、高钙症

兔高钙症是由于饲料中钙盐含量较高所引起的一种营养代谢病。

【病因】 饲料中钙盐含量较高。维生素 D 中毒也可引起本病。

【临床症状与病理剖检变化】 无明显的临床症状。但可见兔尿液呈白色，笼地板或粪沟地面上有白色钙质析出（图 3-49）。最新研究表明，高钙还可引起母兔死胎率增加。剖检可见肾脏中有颗粒状钙盐沉积（图 3-50），膀胱中积有大量钙盐（图 3-51）。

图 3-49 病兔排出白色尿液

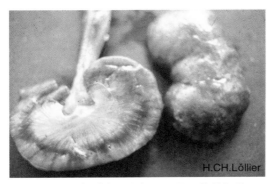

图 3-50 肾脏表面和切面可见颗粒状钙盐

图 3-51 膀胱中积有大量沉淀的钙盐

【预防】 饲料中钙的含量应维持在 0.7%~1.2%。同时注意钙磷比例。

【临床用药指南】 兔虽然可以忍耐饲料中较高的钙水平，但钙含量过高会引发本病。应将饲料中的钙含量保持在 0.7%~1.2%。

十七、肾炎

本病通常是指肾小球、肾小管和肾间质的炎性变化。按病程分为急性肾炎和慢性肾炎。

【病因】 兔肾炎一般认为与下列因素有关：①细菌性或病毒性感染；②邻近器官的炎症蔓延（如膀胱炎、尿路感染等）；③毒物中毒（如松节油、砷、汞等）；④环境潮湿、寒冷、温差过大等因素；⑤过敏性反应。

【临床症状与病理剖检变化】 急性炎症时，病兔表现精神沉郁，体温升高，食欲减退或废绝。常蹲伏，不愿活动，强行运动时，跳跃小心，背腰活动受限。压迫肾区时，表现不安、躲避或抗拒检查。排尿次数增加，每次排尿量减少，甚至无尿。病情严重的可呈现尿毒症症状，体质衰弱无力，全身呈阵发性痉挛，呼吸困难，甚至出现昏迷状态。慢性肾炎多由急性转化而来。病兔全身症状不明显，主要表现排尿量减少，体重逐渐下降，眼睑、胸腹或四肢末端出现水肿。剖检可见肾脏有炎症病变（图 3-52 和图 3-53）。实验室检查可见尿中蛋白含量增加。尿沉渣检查可发现红、白细胞，肾上皮细胞和各种管型。

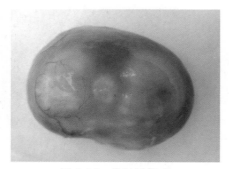
图 3-52　化脓性炎症

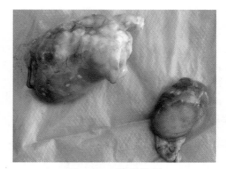
图 3-53　肾脏化脓

【预防】 供给兔营养全面的饲料，控制食盐的比例。

【临床用药指南】

（1）**加强护理**　保持病兔安静，并置于温暖干燥的房舍内，供给丰富、易消化的饲草料，适当限制食盐的用量。

（2）**消除炎症**　选用抗生素类药物（最好不用磺胺类药物）。

［**方1**］ 青霉素 G 钾（钠）：2 万~4 万国际单位 / 千克体重，肌内注射，每天 2 次，连用 5~7 天。

［**方2**］ 卡那霉素：10~20 毫克 / 千克体重，肌内注射，每天 2 次，连用 5~7 天。

［**方3**］ 环丙沙星注射液：1 毫升 / 千克体重，肌内注射，每天 2 次，连用 5~7 天。

（3）**脱敏**　可应用皮质类甾醇，此类药物不仅影响免疫过程的早期反应，而且有一定的抗炎作用。

　　[方1]　强的松（泼尼松）：2毫克/千克体重，静脉注射。

　　[方2]　地塞米松注射液：每次每只0.125~0.50毫克，肌内注射或静脉注射，每天1次。

　　(4) 对症治疗　为消除水肿，可用利尿剂，如速尿（呋塞米），2~4毫克/千克体重，内服或肌内注射；有尿毒症症状时，可静脉注射5%碳酸氢钠注射液每只5~10毫升；尿血严重的，可应用止血药，如安络血注射液，每次每只1~2毫升，肌内注射，每天2~3次。

十八、肾囊肿

　　肾囊肿是指肾脏中形成囊腔病变的疾病。

　　【病因】　多由遗传性因素引起的肾脏发育不全所致，也可由其他原因（如慢性肾炎）引起。

　　【临床症状与病理剖检变化】　临床上一般无明显症状，有的仅表现精神不振，弓背，步态谨慎，排尿异常。肾囊肿多在尸体剖检时才被发现。1~6月龄的兔即可见到。眼观受害肾脏有一至几百个大小不等的囊肿，分布在肾皮质部（图3-54），小囊肿刚能看到，大者有豌豆大或更大。

图 3-54　肾囊肿
（在肾皮质的表面和切面均见大小不等的囊泡所形成的空洞）

　　【预防】　其后代不能留作种用，应将其淘汰。

十九、子宫腺癌

　　子宫腺癌是兔较重要的恶性肿瘤之一，癌组织起源于子宫黏膜的腺上皮。

　　【病因】　病因不清楚。可能有多种原因，包括各种因素造成的内分泌紊乱等。本病的发生与母兔的经产程度无关，主要与年龄相关，发病率随年龄的增加而升高，超过4岁的达到60%。与其他品种比较，荷兰兔更易患子宫腺癌。

　　【临床症状与病理剖检变化】　病初很少表现临床症状，以后出现慢性消瘦和繁殖障碍，如受胎率下降，窝产仔数减少，死胎增多，母兔弃仔，难产，整窝胎儿潴留在子宫内，子宫外孕和胎儿在子宫内被吸收等。腹部触诊可摸到大小不等的肿块，其直径为1~5厘米或更大。剖检可见子宫黏膜有一个或数个大小不等的肿瘤。瘤体多呈圆形，色呈浅红或灰红，质地坚实，后期可在肺、肝、肾、脑、骨头等其他脏器、组织看到转移的肿瘤（图3-55）。

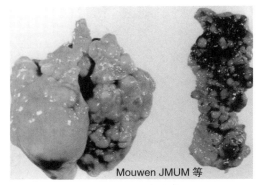

图 3-55　子宫腺癌
（右图为子宫腺癌：子宫黏膜有多发性肿瘤，圆形、灰红色。左图为肺转移瘤：肺因大量转移瘤的生长而变形）

【预防】 建立合理的兔群结构，淘汰老龄母兔。对有繁殖障碍的母兔进行触摸检查，如怀疑本病，应将其淘汰。

二十、成肾细胞瘤

成肾细胞瘤又称为肾母细胞瘤、肾胚瘤，是兔尤其是未成年兔较常见的一种肿瘤病。有的兔肉加工厂检出率可高达 1% 以上。

【病因】 病因不详。但可能与遗传因素有关，有家族性，发生率可达 25.6%。

【临床症状与病理剖检变化】 无明显的临床症状，或有泌尿功能障碍症状。各年龄兔均有发生，幼兔多发。触诊在肾区可摸到肿块。剖检可见肿瘤发生于一侧肾脏，也可见于两侧，呈圆形或结节状凸出于肾皮质表面，质地均匀，有包膜（图 3-56），切面呈灰红色或灰白色，均匀致密，有时可见到小囊腔、出血、坏死。正常肾组织因肿瘤压迫而萎缩，甚至几乎消失（图 3-57 和图 3-58）。组织上可见肿瘤主要由肾小球和肾小管样结构的组织所构成（图 3-59）。

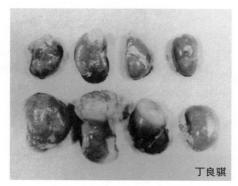

图 3-56 成肾细胞瘤的常发部位在
肾脏前端，但也见于后端

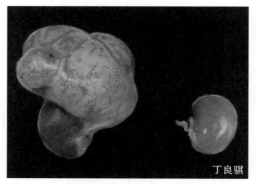

图 3-57 肾脏前端有一个较大成肾细胞瘤瘤
团形成，右侧为大小正常的肾脏

图 3-58 成肾细胞瘤
（肿瘤生长迅速，瘤团很大，
表面呈结节状，有丰富的血管
分布，肾脏几乎消失）

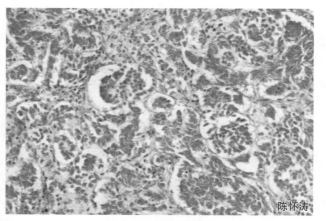

图 3-59 成肾细胞瘤
（瘤组织主要由肾小球和肾小管样结构的低分化瘤
细胞构成，间质为不多的纤维瘤样组织）

【预防】 肿瘤一般在屠宰后或病死后发现，生前很难做出诊断。触摸到一侧或两侧有肿瘤样的病兔应淘汰。

二十一、食仔癖

食仔癖是母兔产仔后吞食仔兔的一种恶癖。

【病因】 本病病因比较复杂，一般认为主要与母兔营养代谢紊乱有关。如饲料营养不平衡；饲料中缺乏食盐、钙、磷、蛋白质或 B 族维生素等。母兔产前、产后得不到充足的饮水，口渴难忍。产仔时母兔受到惊扰，巢窝、垫草或仔兔带有异味，或发生死胎时，死仔未及时取出等。一般初产母兔发生率较高。

【临床症状与病理剖检变化】 本病表现为母兔吞食刚生下或产后数天的仔兔。有些将胎儿全部吃掉，仅发现笼底或巢箱内有血迹，有些则吃掉部分肢体（图 3-60 和图 3-61）。

图 3-60 被母兔吞食后剩余的仔兔残体

图 3-61 被母兔蚕食的仔兔

【预防】

1）供给兔营养均衡的饲料和清洁饮水。饲料中应富含蛋白质、钙、磷、微量元素和维生素等营养物质。产前、产后供给母兔充足、清洁饮水。

2）产箱要事先消毒，垫窝所用垫料等物切勿带异味。

3）保持舍内安静，减少应激。

4）检查巢窝，及时清理死亡兔等污物。检查仔兔时，必须洗手后（不能涂擦香水等化妆品）或戴上手套进行。

【临床用药指南】 一旦发现母兔有食仔行为时，迅速把产箱连同仔兔拿出，采取母兔和仔兔分离饲养的方法，定时喂乳。

对于连续两胎食仔的母兔应淘汰。

二十二、隐睾

隐睾或隐睾症是指公兔阴囊内缺少一个或两个睾丸。公兔出生后一段时间内睾丸应下降至阴囊内，而病兔却有一个或两个睾丸永久地位于腹股沟皮下或腹腔内。

【病因】　不十分清楚，但明显有遗传倾向性。

【临床症状与病理剖检变化】　临床上常见一侧隐睾（图 3-62），双侧隐睾少见。将病兔身仰卧保定，可见患侧阴囊塌陷、皮肤松软，而健侧阴囊凸出，内有正常睾丸，左右侧明显不对称。

【预防】　因隐睾公兔的生精能力下降或不能生精，故其不能作为种用，应适时淘汰。

图 3-62　隐睾
（右侧阴囊塌陷，阴囊内无睾丸）

第四章　神经与运动系统疾病的鉴别诊断与防治

第一节　神经与运动系统疾病概述及发生因素

一、概述

神经系统是兔机体最广泛、最为精密的控制系统，也是整个机体的指挥机构。机体各器官和系统在神经系统的直接或间接调控下统一协调地完成整体功能活动，并对体内外各个环境变化做出迅速而完善的适应性改变，共同维持正常的生命活动。兔的神经、运动系统疾病主要有破伤风、斜颈病（中耳炎）、疏螺旋体病、附红细胞体病、脑炎原虫病、住肉孢子虫病、中暑、创伤性脊椎骨折、骨折等。

二、疾病的发生因素

能够引起神经、运动症状的病因多而复杂，综合考虑，可以概括为以下几类。

（1）**生物性因素**　包括细菌如破伤风、斜颈病（中耳炎）、疏螺旋体病等，寄生虫如脑炎原虫病、住肉孢子虫病等。

（2）**营养因素**　如饲料中营养不平衡导致产后瘫痪、低血钾症等，均可引起神经和运动障碍。

（3）**饲养管理因素**　包括因管理不当导致创伤性脊椎骨折、骨折、中暑等，也可引起神经和运动障碍。

（4）**遗传因素**　包括开张腿、癫痫等。

第二节 神经与运动系统疾病的诊断思路及鉴别诊断要点

一、诊断思路

在进行兔神经与运动障碍疾病诊断时，要仔细观察兔的站立、走动和躺卧等姿势，若站立时两脚频频交换负重，则可能患疥癣病或脚皮炎；斜颈、转圈运动可能患脑炎原虫病、巴氏杆菌性中耳炎、李氏杆菌病、耳螨病等；前肢拖着后肢则表明背部骨折、后肢骨折或产后瘫痪；四肢强直可能患破伤风；软瘫症可能患低血钾病、维生素 E 缺乏症、有毒植物中毒和药物中毒等；不愿走动、关节肿大可能患疏螺旋体病等。

二、鉴别诊断要点

引起兔神经与运动障碍的常见疾病的鉴别诊断要点见表 4-1。

表 4-1 引起兔神经与运动障碍的常见疾病的鉴别诊断要点

病名	病原/病因	发病特点	临床症状	典型病变
破伤风	破伤风梭菌	经创伤感染，常为散发	食欲废绝，牙关紧闭，四肢强直，呈"木马状"	血液凝固不良，肺瘀血、水肿
斜颈病（中耳炎）	多杀性巴氏杆菌	多发于有巴氏杆菌病的兔群，尤其是发生了传染性鼻炎和化脓性结膜炎的病兔极易患本病	斜颈是主要症状。轻微的斜颈，病兔采食、饮水不受影响，不显消瘦；严重的斜颈，病兔饮食减少，体重减轻，脱水	可见在一侧或两侧鼓室内有白色或浅黄色渗出物
疏螺旋体病	伯氏疏螺旋体	具有明显的季节性，多见于 6~9 月，常呈地方性流行。蜱类、吸血昆虫及鼠类数量多的地区多发，具有明显的地区性	体温升高，关节肿胀、疼痛，不愿走动，局部皮肤肿胀、过敏等	四肢关节肿大，关节囊增厚，含有大量的浅红色滑液，全身淋巴结肿胀，出现心肌炎及肾小球肾炎等
附红细胞体病	附红细胞体	多见于吸血昆虫大量繁殖的夏、秋季	体温升高，结膜浅黄，消瘦，全身无力，运动失调，喜卧，尿黄，粪便时干时稀	病死兔血液稀薄，黏膜苍白，腹腔积液，脾脏肿大，胆囊胀满，胸膜脂肪和肝脏黄染，肠系膜淋巴结肿大
脑炎原虫病	脑炎原虫	常慢性或隐性感染，秋、冬季多发	斜颈、麻痹、颤抖、平衡失调，昏迷，蛋白尿及腹泻	肉芽肿性脑炎、肾炎，肾脏表面密布针尖大的白色小点或大小不等的凹陷状病灶

病名	病原 / 病因	发病特点	临床症状	典型病变
住肉孢子虫病	住肉孢子虫	多发生于白尾灰兔	一般不显症状，严重的病兔出现跛行	心肌和骨骼肌，特别是后肢、侧腹和腰部肌肉的肌纤维方向有大量白色条纹住肉孢子虫，肌肉中虫体呈完整的包囊状
软瘫症	低血钾、毒素、维生素 E 缺乏等	各种年龄、品种的兔均发生	全身无力，瘫痪在地，头紧贴住地面，行走困难。病因不同，症状各异	病因不同，病变不同
产后瘫痪	饲料中缺钙、母兔频密繁殖、阳光照射不足、运动不足和应激等所致	繁殖季节多发	多发生在产后 2~3 周，有的在 24 小时内发生，发病突然，全身肌肉无力，行走困难，肢体麻痹、瘫卧	无明显的病变特征
佝偻病	饲料中维生素 D 缺乏，光照不足，胃肠道疾病	饲料营养不均衡、光照不足的兔群多发	四肢向外斜，凹背，出现"佝偻珠"	关节肿大，肋骨与肋软骨交界处肿胀
创伤性脊椎骨折	捕捉和保定方法不当，受惊而在笼内乱闯或从高处跌落等	有受惊、捕捉、保定不当等病史	突然发病，皮肤感觉丧失，运动神经麻痹，后躯拖地，肛门和膀胱括约肌失去控制，肛门周围沾有粪尿	创伤部出血、水肿、膀胱充盈、褥疮溃疡等
中暑	闷热，阳光直射，笼舍潮湿，通风不良，密度过大，长途运输	在闷热、拥挤状况下易发生中暑	体温升高，有卧地、步态不稳、摇晃不定等神经症状	脑充血、水肿，胸腺出血，肺出血、瘀血，心脏肥大，腹腔内有纤维素渗出
脑积水	遗传缺陷、脑部发炎、营养缺乏（如维生素 A 缺乏）等	近亲繁殖的群体多发	头颅凸出，有抽搐、运动障碍、视力下降和四肢无力等症状	脑水肿，打开脑颅见大量的积液
骨折	笼地板制作不规范，致使四肢发生骨折	兔笼地板制作不规范的兔群多发	突然发生，病兔不能正常行走或拖地而走	皮肤及其他软组织严重损伤，骨折端刺破皮肤露在皮外，创内常含有血块、碎骨头
开张腿	遗传因素、营养因素及管理不当	近亲繁殖，笼底板不合格或放置方向不对	病兔不能将腿收到腹下，行走时姿势像"划水"一样，无力站起，总以腹部着地卧着，重者瘫痪	患部骨骼变形、弯曲
癫痫	遗传、脑部肿瘤等	常呈间歇性、突然性发作	突然倒地，意识丧失，肢体强直、痉挛，瞳孔散大，牙关紧闭，口流白沫。短时间内症状自行缓解	脑实质有损伤、血肿等

第三节 常见疾病的鉴别诊断与防治

一、破伤风

破伤风又称为强直症，是由破伤风梭菌经创伤感染所引起的一种人兽共患传染病。病兔的特征是骨骼肌痉挛和肢体僵直。

【流行特点】 创伤是本病的主要传播途径。剪毛、刺号（或安装耳标）、咬伤、手术及注射时不注意消毒，常可因感染本菌的芽孢而发病。临床实践中，有些病例查不到伤口，可能是创伤已愈合，或可能经损伤的子宫、消化道黏膜等途径感染。

【临床症状与病理剖检变化】 本病潜伏期为4~20天。病初，病兔食欲减退，继而废绝，瞬膜外露，牙关紧闭，流涎，四肢强硬，呈"木马状"（图4-1~图4-4），以死亡告终。剖检无特异病变，仅见因窒息缺氧所致的病变，如血液凝固不良、呈黑紫色，肺瘀血、水肿，黏膜和浆膜散布数量不等的小出血点。

图 4-1 破伤风
（病兔两耳竖立，肌肉僵硬，四肢强直，
呈"木马状"，站立不稳）

图 4-2 破伤风
（眼球凸出，两耳竖立，肢体僵硬）

图 4-3 瞬膜外露

图 4-4 病兔流涎，牙关紧闭

【预防】

1）保持兔舍、兔笼及用具清洁卫生，严防尖锐物刺伤兔体。剪毛时避免损伤皮肤，若剪破皮肤则应及时用 5% 碘酊涂擦。手术、刺号（安装耳标）及注射时要严格消毒，防止兔与兔之间咬架，一旦发生外伤，要及时处理，防止感染。

2）做好伤口处理。正确扩创处理，严防创伤内厌氧环境的形成，是防止本病发生的重要措施之一。对较大、较深的创伤，除做开放扩创处理外，还应肌内注射破伤风抗毒素 1 万 ~3 万单位。

【临床用药指南】

［方 1］ 破伤风抗毒素：静脉注射，每只兔每天 1 万 ~2 万单位，连用 2~3 天。

［方 2］ 青霉素：肌内注射，每只每天 20 万单位，分 2 次注射，连用 2~3 天。静脉注射葡萄糖、氯化钠 50 毫升，每天 2 次。

本病为人兽共患传染病，要注意做好个人防护。

二、斜颈病（中耳炎）

斜颈病又称为中耳炎，是由多杀性巴氏杆菌引起的一种慢性疾病。本病虽然发病率不高，死亡率低，但病程长，可成为兔群巴氏杆菌病的传染源。

【流行特点】 本病多发于有巴氏杆菌病的兔群，尤其是发生了传染性鼻炎和化脓性结膜炎的病兔。本病病程长短取决于饲养管理，长的可达 1 年以上，短的则 1~2 周。患本病的兔是兔群巴氏杆菌病的传染源。

【临床症状与病理剖检变化】 单纯中耳炎多无明显临床症状。在能认出的病例中，斜颈是主要临床症状。斜颈是感染蔓延至内耳或脑膜或脑质的结果，而不是单纯中耳炎的症状。斜颈的程度取决于感染的范围。轻微的斜颈若不注意则很难被发现，严重的病例可见病兔向一侧翻转，一直倾斜到抵住笼壁为止。轻微的病兔采食、饮水不受影响，不显消瘦（图 4-5）；严重的病兔饮食减少，体重减轻，脱水（图 4-6）。本病多伴有化脓性鼻炎、化脓性结膜炎等症状（图 4-7）。若感染扩散到脑膜和脑组织，则出现运动失调和其他神经症状。

图 4-5　头颈偏向一侧，尚可饮食，身体不显消瘦

剖检可见在一侧或两侧鼓室内有白色或浅黄色渗出物。鼓膜破裂时，从外耳道流出炎性渗出物。也可见化脓性内耳炎和脑膜脑炎。内脏器官无肉眼可见的病变。

【类症鉴别】

（1）与李氏杆菌病的鉴别　患李氏杆菌病的兔全身震颤，耳肌痉挛，眼球凸出，做圈状运动，头颈偏向一侧，运动失调，病程短的几天内死亡，脾脏和淋巴结肿大，肝脏有散在性或弥漫性针头大的浅黄色或灰白色坏死点，脑膜和脑组织充血、水肿。以上症状、病变斜颈病没有。

图4-6　歪斜程度严重，饮食困难

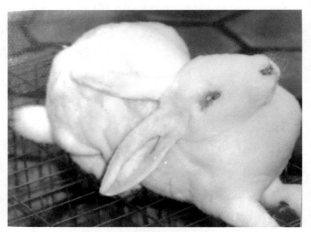
图4-7　头颈歪斜，伴有化脓性鼻炎、结膜炎

　　（2）**与脑炎原虫病的鉴别**　脑炎原虫病剖检可见肾脏表面散布许多细小的灰白色病灶，或在肾皮质表面散布小的灰白色凹陷，脑实质内有肉芽肿。斜颈病没有这些病理变化。

【预防】

　　1）建立无多杀性巴氏杆菌种兔群。

　　2）做好兔舍通风换气、消毒工作。

　　3）及时治疗或淘汰兔群中带菌者。对兔群中患传染性鼻炎、化脓性结膜炎等病的病兔进行治疗或淘汰。

　　4）兔群定期注射兔巴氏杆菌菌苗，每年3次，每只兔皮下注射1毫升。

【临床用药指南】　本病治疗效果差，如果长期存在于兔群中，将成为巴氏杆菌病的主要传染源，为此，建议将其淘汰。

三、附红细胞体病

　　附红细胞体病简称附红体病，是由附红细胞体所引起的一种急性、致死性人兽共患传染病。兔感染发病的特征是发热、贫血、出血、水肿与脾脏肿大等。

【流行特点】　本病可经直接接触传播。吸血昆虫（如扁虱、刺蝇、蚊）、蜱及小型啮齿动物是本病的传播媒介。各种年龄兔均易感。一年四季均可发生，但以吸血昆虫大量繁殖的夏、秋季多见。

【临床症状与病理剖检变化】　本病以1~2月龄幼兔受害最严重，成年兔症状不明显，常呈带菌状态。病兔四肢无力，精神沉郁，运动失调（图4-8），最后由于贫血、消瘦、衰竭而死亡。剖检可见腹肌出血（图4-9），腹腔积液，脾脏肿大（图4-10），膀胱充满黄色尿液，有的病例可见黄疸、肝脏脂肪变性，胆囊胀满（图 4-11），肠系膜淋巴结肿大（图 4-12）等。

【预防】

1）购入种兔时严格检查。成年兔是带菌者，所以购入种兔时要严格进行检查。

图 4-8　精神不振，四肢无力，头着地

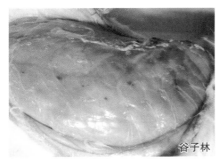

图 4-9　腹肌出血

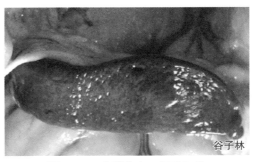

图 4-10　脾脏肿大，呈暗红色

图 4-11　胆囊胀大，充满胆汁

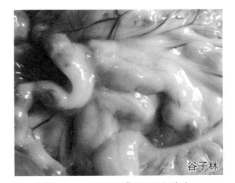

图 4-12　肠系膜淋巴结肿大

2）减少各种应激。消除各种应激因素对兔体的影响。

3）做好夏、秋季兔群管理工作。防止昆虫叮咬。

【临床用药指南】

[方1]　新胂凡纳明：40~60 毫克 / 千克体重，以 5% 葡萄糖溶液溶解成 10% 注射液，静脉缓慢注射，每天 1 次，隔 3~6 天重复用药 1 次。

[方2]　四环素：40 毫克 / 千克体重，肌内注射，每天 2 次，连用 7 天。

[方3]　土霉素：40 毫克 / 千克体重，肌内注射，每天 2 次，连用 7 天。

此外，血虫净（贝尼尔）、氯苯胍等也可用于本病的治疗。贝尼尔 + 多西环素或贝尼尔 + 土霉素按说明用药，效果良好。

本病为人兽共患病，注意做好个人防护。

四、脑炎原虫病

脑炎原虫病是由脑炎原虫寄生于脑内引起的慢性原虫病。一般为慢性、隐性感染，常无症状，有时见脑炎和肾炎症状。本病在许多兔场广泛存在。

【流行特点】 本病广泛分布于世界各地。病兔的尿液中含有脑炎原虫。主要感染途径为消化道、胎盘，感染率为 15%~76%。秋、冬季多发。

【临床症状与病理剖检变化】 通常呈慢性或隐性感染，常无症状各年龄兔均可感染发病，可见脑炎和肾炎症状，如惊厥、颤抖、斜颈（图 4-13）、麻痹、昏迷、平衡失调、蛋白尿及腹泻等。剖检可见肾脏表面有白色小点或大小不等的凹陷状病灶（图 4-14 和图 4-15），严重时肾脏表面呈颗粒状或高低不平。

图 4-13　脑炎症状
（颈歪斜）

图 4-14　双肾上出现大量的凹陷

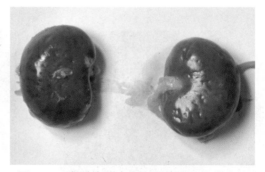

图 4-15　肾脏表面有大小不等的凹陷状病灶

【类症鉴别】

（1）**与斜颈病（中耳炎）的鉴别**　见斜颈病。

（2）**与李氏杆菌病的鉴别**　两种病虽然都有神经症状，但脑炎原虫病剖检可见肾脏表面有白色小点或大小不等的凹陷状病灶。

【预防】 淘汰病兔，加强防疫和改善卫生条件有利于本病的预防。

【临床用药指南】 目前尚无有效的治疗药物，可试用下列药物。

[方1] 阿苯达唑：20~30 毫克 / 千克体重，口服，每天 1 次，连用 7~14 天，然后改为 15 毫克 / 千克体重，口服，每天 1 次，连用 30~60 天。

[方2] 芬苯哒唑：20 毫克 / 千克体重，口服，每天 1 次，连用 5~28 天。

也可用恩诺沙星、土霉素等药物进行治疗。

五、住肉孢子虫病

住肉孢子虫病是由住肉孢子虫引起的在肌肉形成包囊为特征的疾病。

【病原及生活史】 多发生于白尾灰兔。住肉孢子虫在宿主的肌肉中形成包囊。兔的住肉孢子虫，包囊长达 5 毫米，其内充满了滋养体。滋养体呈香蕉形，一端稍尖，大小通常为（12~18）毫米 ×（4~5）毫米，其生活史见图 4-16。

【临床症状与病理剖检变化】 轻度或中度感染的兔不显症状，感染很严重的可能出现跛行。剖检病变见于心肌和骨骼肌，特别是后肢、侧腹和腰部肌肉。顺着肌纤维方向有大量白色条纹住肉孢子虫。

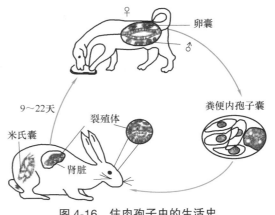

图 4-16 住肉孢子虫的生活史

显微镜观察可见，肌纤维中虫体呈完整的包囊状，周围组织一般不伴有炎性反应。

【预防】 本病的传播方式虽不够清楚，但应将兔与白尾灰兔隔离饲养，可减少或避免本病的发生。

目前尚无有效的治疗方法，应重点做好预防工作。

六、软瘫症

软瘫症是一种描述性症状，不是一种病，由许多病因引起，表现为全身肌肉无力、行走困难或不能行走等现象。

【病因】 ①代谢性疾病，包括低血钾、脂肪肝等。低血钾是饲料中钾的含量低于 0.3% 或兔因腹泻、受应激（如惊吓、温度过低等）而食入钾不足所致。脂肪肝是兔持续厌食所致。②维生素 E（或硒）缺乏、脑炎原虫病等。③毒素，主要有有毒植物（如阔叶乳草等）、农药、除草剂（如三嗪类化合物等）、霉菌毒素、聚醚类药物（如莫能菌素等）等。④其他因素，如先天性肌无力等。

【临床症状与病理剖检变化】 临床上以全身肌肉无力、瘫痪在地、行走困难或不能行走为特征（图 4-17 和图 4-18）。除以上症状外，病因不同，表现和病变也不相同。

（1）低血钾 病兔烦躁多动，麻痹从后躯扩展到前躯和颈部肌肉，躯体软弱无力。最终，完全瘫痪、无法行动。血液检测发现有低蛋白血症（51.2 克 / 升），碱性磷酸酶水平稍高（89.4 国际单位 / 升）和低血钾 [2.75 毫摩尔 / 升（参考范围为 3.5~7 毫摩尔 / 升）]。

（2）维生素 E 缺乏、脑炎原虫病 详见本书相关部分。

图4-17 头着地，肌肉无力

图4-18 四肢无力，腹部紧贴地面

（3）**有毒植物（如阔叶乳草）中毒** 病兔表现为前肢、后肢及颈部肌肉不同程度疲软或麻痹，头常贴到笼底而不能抬起，俗称"低头病"，可能还会出现流口水、被毛粗糙、低于正常温度和排泄柏油样粪便。剖检可见许多器官有局灶性出血。

（4）**除草剂中毒** 兔采食被三嗪类化合物除草剂污染的饲草而中毒。表现为肌肉弛缓、虚弱无力和截瘫。剖检可见心脏出血，肾脏出血，肺和肾脏瘀血等病变。

（5）**霉菌毒素中毒** 见本书相关部分。

（6）**聚醚类药物中毒** 该类药物包括莫能菌素、盐霉素等。一般哺乳母兔采食量大，发病率高，发病快，采食含这些药物的饲料1~2天即发病。表现为肌肉无力，头抬不起，四肢瘫软，直不起来，迅速死亡（图4-19和图4-20）。剖检可见腹腔内积有大量液体和胶冻样纤维蛋白析出（图4-21和图4-22）；肺有出血斑（图4-23）；胃黏膜出血，有浅表性溃疡斑点（图4-24和图4-25）；肝脏肿大，有出血斑点，脾脏肿大，肾脏有出血点（图4-26~图4-28）。

图4-19 病兔软瘫，头着地

图4-20 中毒死亡的哺乳母兔

【预防】

1）供给适口性好、全价、平衡饲料。

2）禁止饲喂有毒植物、发霉饲料或被农药、除草剂污染的饲草料。

3）严禁聚醚类药物用于兔球虫病的预防和治疗，尤其是哺乳母兔。因其采食量大，机体抵抗力差，食入的药量大，极易引起中毒。

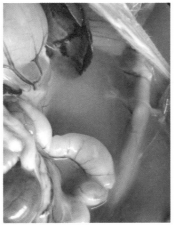

图 4-21　腹腔中积有大量液体

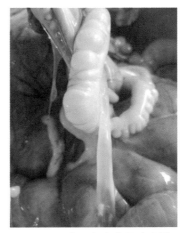

图 4-22　腹腔内有大量胶冻样
蛋白纤维析出

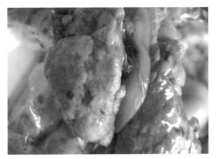

图 4-23　肺有出血斑

图 4-24　胃上散在许多溃疡斑

图 4-25　胃黏膜出血，有浅表性溃疡斑点

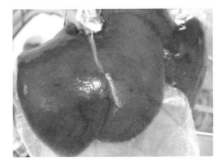

图 4-26　肝脏肿大，有出血斑点

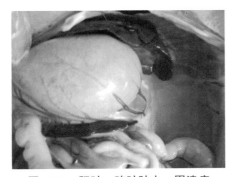

图 4-27　肝脏、脾脏肿大，胃溃疡

图 4-28　肾脏有大量的出血点

4）预防和治疗腹泻病、球虫病等消化道疾病，维持兔肠道健康。

5）减少各种应激（如惊吓、疼痛等）。

【临床用药指南】

[方1] 钾缺乏的治疗：采用维持治疗，即哈特曼氏溶液（主要成分：每1000毫升含乳酸钠3.10克、氯化钠6.00克、氯化钾0.3克、二水氯化钙0.2克），静脉输液给药。当兔表现出饥饿时，将饲料、饮水放置其可及的地方，让兔自由采食、饮水，一般3天后就可康复。

[方2] 中毒的治疗：无特效的治疗方法。可采取对症疗法，即首先停止饲喂有毒植物或药物，然后用10%葡萄糖和维生素C（每只兔0.05~0.1克）溶液静脉输液；或在饮水中添加5%葡萄糖，让兔自由饮水。

[方3] 维生素E缺乏症的治疗：见本书维生素E缺乏症部分。

七、产后瘫痪

产后瘫痪是母兔分娩前后突然发生的一种严重代谢性疾病，其特征是由于低血钙而使知觉丧失及四肢瘫痪。

【病因】 饲料中缺钙、频密繁殖、产后缺乏阳光、运动不足和应激是致病的主要原因，尤其是母兔产后遭受贼风的侵袭时最易发生。分娩前后消化功能障碍及雌激素分泌过多，也可引起发病。

【临床症状与病理剖检变化】 一般发生于产后2~3周，有时在24小时内发生，个别母兔发生在临产前2~4天。发病突然，精神沉郁，坐于角落，惊恐胆小，食欲下降甚至废绝。轻者跛行、半蹲行或匍匐行进，重者四肢向两侧叉开，不能站立（图4-29）。反射迟钝或消失，全身肌肉无力，严重者全身麻痹，卧地不起。有时出现子宫脱出或出血症状。体温正常或偏低，呼吸慢，泌乳减少或停止。

图4-29 病兔精神萎靡，后肢麻痹瘫痪，前肢无力

【类症鉴别】

与创伤性脊椎骨折的鉴别 产后瘫痪用针刺后肢有明显反应，而后者则无反应。

【预防】 对妊娠后期或哺乳期母兔，应供给钙磷比例适宜和维生素D充足的饲料。

【临床用药指南】 在调整饲料中磷酸氢钙、石粉和维生素D含量的同时，采取以下方法进行治疗。

[方1] 每只兔用10%葡萄糖酸钙5~10毫升、50%葡萄糖10~20毫升，混合1次静脉注射，每天1次。

［**方2**］ 每只兔用 10% 氯化钙 5~10 毫升与葡萄糖静脉注射。

［**方3**］ 维丁胶性钙：每只兔 2.0 毫升，肌内注射。

［**方4**］ 对有食欲的病兔可在饲料中加糖钙片 1 片，每天 2 次，连续 3~6 天。

八、佝偻病

佝偻病是幼兔维生素 D 缺乏、钙磷代谢障碍所致的营养代谢疾病。其特征为消化紊乱、骨骼变形与运动障碍。

【病因】 饲料中钙、磷缺乏，钙磷比例不当或维生素 D 缺乏引起。

【临床症状与病理剖检变化】 精神不振，四肢向外侧斜，身体呈匍匐状，凹背，不愿走动（图 4-30）。四肢弯曲，关节肿大（图 4-31）。肋骨与肋软骨交界处出现"佝偻珠"（图 4-32）。死亡率较低。血清检查时血清磷水平下降和碱性磷酸酶活性升高，而血清钙变化不明显，仅在疾病后期才有所下降。

图 4-30 不愿走动，喜伏地，四肢向外斜，身体呈匍匐状，凹背

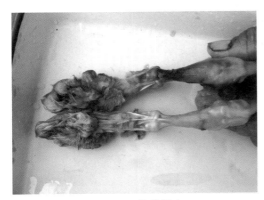

图 4-31 关节肿大

图 4-32 "佝偻珠"

（肋骨与肋软骨结合处肿大，呈串珠状）

【预防】 保障饲料中添加足量钙磷添加剂（如骨粉或磷酸氢钙等）和维生素 D，增加光照。饲料中钙、磷和维生素 D 含量应分别达 0.7%~1.2%、0.4%~0.6% 和 1000 单位 / 千克。

【临床用药指南】

［**方1**］ 维生素 D 胶性钙：每只兔每次 1000~2000 单位，肌内注射，每天 1 次，连用 5~7 天。

［**方2**］ 维生素 AD 注射液：每只兔每次 0.3~0.5 毫升，肌内注射，每天 1 次，连

用 3~5 天。

[方3] 补钙：每只兔内服磷酸钙 0.5~1.0 克或骨粉 1.0~2.0 克，连用 5~7 天。

九、创伤性脊椎骨折

创伤性脊椎骨折，又称为断背、后躯麻痹和创伤性脊椎变位，是兔常见的多发病，是兔受惊、高处跌落等造成腰椎骨折、腰荐移位，导致后驱瘫痪的疾病。

【病因】 捕捉、保定方法不当，受惊乱窜或从高处跌落，以及长途运输等原因均可使腰椎骨折、腰荐移位。

【临床症状与病理剖检变化】 后躯完全或部分运动突然麻痹，病兔拖着后肢行走（图 4-33）。脊髓受损，肛门和膀胱括约肌失控，大小便失禁，臀部被粪尿污染（图 4-34）。轻微受损时，随着脊髓压迫区域的肿胀消失，在 3~5 天内最初的麻痹症状逐渐消失。剖检可见臀部沾满粪尿及污物，脊椎某段受损断裂，局部有充血、出血、水肿和炎症等变化，膀胱因积尿而胀大（图 4-35）。

图 4-33 脊髓受损，后肢瘫痪，患兔拖着后肢行走

图 4-34 肛门周围被毛被粪尿污染

图 4-35 腰椎骨折断处明显出血，膀胱积尿

【类症鉴别】

与产后瘫痪的鉴别 见产后瘫痪。

【预防】 本病无有效的治疗方法，以预防为主。

1）保持舍内安静，防止生人、其他动物（如犬、猫等）进入兔舍。

2）正确抓兔和保定兔，切忌抓腰部或提后肢。

3）关好笼门，防止高层兔笼中的兔掉下去。

4）长途运输兔时，尽量避免急转弯、急刹车等。

【临床用药指南】 轻微病例的治疗，可用消炎药物糖皮质激素（如地塞米松等）

消除肿胀，一般 3~5 天症状就可消失。若 1~2 周后仍麻痹或失禁，则应将其淘汰。

十、中暑

中暑又称为日射病或热射病，是兔因气温过高或烈日暴晒所致的中枢神经系统机能紊乱的一种疾病。兔汗腺不发达，体表散热慢，极易发生本病。

【病因】①气温持续升高，兔舍通风不良，兔笼内密度过大，散热慢。②炎热季节兔只进行车船长途运输，装载过于拥挤，中途又缺乏饮水。③露天兔舍，遮光设备不完善，兔体长时间受烈日暴晒。

【临床症状与病理剖检变化】据试验，在 35℃ 条件下，兔不到一个小时即可出现中暑表现。病初兔精神不振、食欲减退甚至废绝，体温升高。用手触摸全身有灼热感。呼吸加快，结膜潮红（图 4-36）、口腔、鼻腔和眼结膜充血，鼻孔周围湿润（图 4-37）。卧地，步态不稳，摇晃不定。病情严重时，呼吸困难，静脉瘀血，黏膜发绀，从口腔和鼻中流出带血色的液体（图 4-38）。病兔常伸腿伏卧，头前伸，下颌着地，四肢间歇性震颤或抽搐，直至死亡。有时则突然虚脱、昏倒，呈现痉挛而迅速死亡。剖检可见胸腺出血，肺部瘀血、水肿，心脏充血、出血，腹腔内有纤维素析出，肠系膜血管瘀血，肠壁、脑部血管充血（图 4-39~ 图 4-44）。触摸腹腔内脏器有灼烧感。

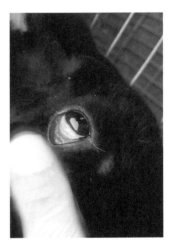
图 4-36 结膜充血、潮红

图 4-37 卧地，呼吸急促，鼻孔周围湿润

图 4-38 耳静脉瘀血，耳部皮肤呈暗红色

【预防】当气温超过 35℃ 时，通过打开通风或湿帘等设备、用冷水喷洒地面、降低饲养密度等措施，以增加兔舍通风量，降低舍温。露天兔舍应加遮阴棚。

【临床用药指南】发生本病时，首先将病兔置于阴凉通风处，可用电风扇微风降温，或在头部、体躯上敷以冷水浸湿的毛巾或冰块，每隔数分钟更换 1 次，加速体热散发。同时进行药物治疗。

［方 1］十滴水：每只兔 2~3 滴，加温水灌服，或仁丹 2~3 粒。

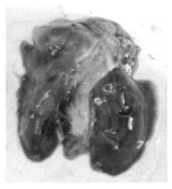

图 4-39　肺瘀血、水肿，
呈暗红色

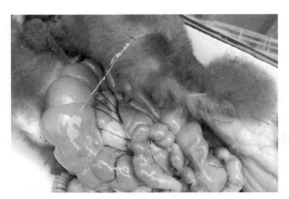

图 4-40　腹腔内有纤维素析出

图 4-41　心外膜血管明显扩张，
并有出血斑点

图 4-42　大肠壁出血

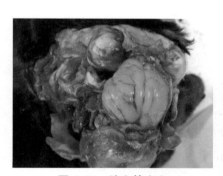

图 4-43　脑血管充血

图 4-44　肠系膜和肠壁血管怒张充血，
肠袢有少量纤维素附着

　　[方2]　藿香正气水：每只兔迅速灌服约 2 毫升，幼龄兔减半，用温水送服。

　　[方3]　每只兔用 20% 甘露醇注射液，或 25% 山梨醇注射液，每次 10~30 毫升，静脉注射。

　　对于有抽搐症状的病兔，用 2.5% 盐酸氯丙嗪注射液，0.5~1.0 毫升 / 千克体重，肌内注射。

十一、脑积水

脑积水是以兔头部增大为特征的一种疾病。有些兔群发病率较高。

【病因】 ①遗传因素，具有不完全显性的常染色体性状。②营养因素，如维生素 A 缺乏或过量等。

【临床症状与病理剖检变化】 病兔头骨顶部呈圆柱状，似"脓疱"，脑穴较正常兔增宽（图 4-45 和图 4-46）。大多数病兔出生即死亡，偶尔存活数周者，均出现神经症状，常与无眼畸形、小眼畸形、眼球异位、虹膜和脉络膜缺损及白内障同时发生（图 4-47）。病兔较同窝的兔弱小，抗病力差。剖检可见脑肿大，头皮下水肿（图 4-48），脑切面见脑室均显著扩张、充满脑脊液。

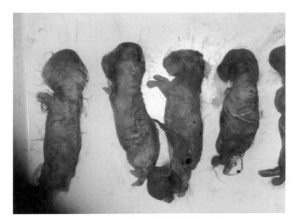

图 4-45　初生仔兔脑颅膨大

图 4-46　脑门凸出，颅骨
变薄，按压有弹性

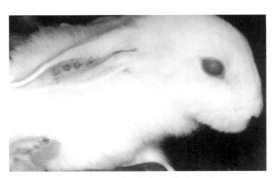

图 4-47　脑部膨大，伴有眼疾

图 4-48　病兔头皮下水肿

【预防】

1）制订科学的繁殖计划，避免近亲繁殖。因为遗传性脑积水表现为隐性遗传，控制其传播需要对双亲进行筛选。

2）供给全价均衡的饲料。其中维生素 A 一般为 10000 国际单位 / 千克饲料为宜，过低过高均可引起本病。

【临床用药指南】 对因维生素 A 缺乏或过量导致的脑积水，治疗时有必要评估维生素 A 的水平，应对血清和肝脏进行检测。

［方 1］ 维生素 A 缺乏：血清中维生素 A 含量低于 2.6~4.2 国际单位 / 毫升时，则为缺乏。此时应增加饲料中维生素 A 和胡萝卜素含量，一般饲料中维生素 A 为 10000 国际单位 / 千克。

［方 2］ 维生素 A 中毒：血清中维生素 A 正常，而肝脏维生素 A 浓度高于 4000 国际单位 / 克为中毒。此时对于繁殖母兔应予以淘汰，因为降低肝脏中维生素 A 的蓄积较为困难。

十二、骨折

兔的骨折往往是四肢骨受到损伤的一种外科病。骨折一般分为开放性和非开放性 2 种。

【病因】 ①笼底板制作不规范（间隔太宽、前后宽窄不一致等），致使肢体陷入笼底隙缝，挣扎致骨折。②捕捉或兔从高层兔笼坠落。③运输途中受伤或患骨软症，也易造成骨折。

【临床症状与病理剖检变化】 一般突然发生。四肢中某一肢体发生骨折后，不能正常行走，甚至前进时拖地而行（图 4-49）。骨折部检查时有异常活动感，触诊疼痛，挣扎尖叫，局部明显肿胀或坏死（图 4-50）。有的骨折断端刺破皮肤露出皮外，并有血液从破口流出（图 4-51）。

图 4-49　病兔拖着骨折的腿前行

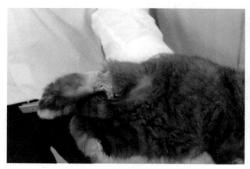

图 4-50　骨折断端组织坏死

图 4-51　骨折断端露出皮外

【预防】 制作兔笼底板要规范，间隙为 1.0~1.2 厘米，前后缝隙宽度一致。运输途中切勿让兔肢露出笼外，以免因挣扎造成骨折。日常中要关好笼门，防止兔从高层掉下。

【临床治疗方案】

　　[**方1**]　非开放性骨折：应先使兔安静，必要时给以止痛镇静药。在骨折部位涂擦 10% 樟脑酒精后，将骨折两断端对接准确，用棉花包裹患肢，外包纱布，然后以长度适合的木片（一般长度应超过骨折部的上下关节。木片不能超过包裹的棉花，以免木片两端摩擦皮肤，造成损伤）和绷带包扎固定，3~4 周后拆除。

　　[**方2**]　开放性骨折：在包扎前用消毒液清洗，撒布青霉素、磺胺结晶（1：2），覆小块敷料，再按非开放性骨折的方法固定患肢，每天应注射青霉素，以防止感染。

　　对于已达出栏体重标准的骨折兔可将其淘汰。

十三、开张腿

　　开张腿又称为八字腿，是指兔的一条或全部腿缺乏内收力的站立状态。

　　【病因】　开张腿是一种描述症状的术语，其本质包括脊髓空洞症、盆骨发育不良，股骨脱臼和遗传性前肢远端弯曲等。除遗传因素（如近亲繁殖）外，兔笼过小或笼底竹板方向与笼门平行所致。

　　【临床症状】　一般最早发生于 3~4 周龄的仔兔，单侧或双侧同时发病，后右肢多发，有的四肢均发。病兔不能把一条腿或所有腿收到腹下，行走时姿势像"划水"一样，无力站起，总以腹部着地躺着，紧贴笼底的腿部被毛磨损、发红，有的发生溃疡（图 4-52 和图 4-53）。症状轻者可做短距离的滑行，病情较重时则引起瘫痪。病兔采食量大，但增重慢。

图 4-52　四肢向外伸展，腹部着地

图 4-53　紧靠兔笼的大腿内侧无毛、发红，发生溃疡

　　【预防】

　　1）避免近亲繁殖。

　　2）兔笼底竹板方向应与笼门相垂直，兔笼面积不宜太小。

　　3）适时淘汰病兔。如病情轻微，可在笼底垫以塑料网，或许能控制疾病的发展。

十四、癫痫

本病是脑功能性的疾病，以周期性反复发作、意识丧失、阵发性与强直性肌肉痉挛为特征。按原因分为真性（原发性）癫痫和症状性（继发性）癫痫。

【病因】 真性癫痫与遗传因素有密切关系。大脑无器质性改变，但脑功能异常。癫痫的发作，可以是无任何先兆，也可能因突然的声响、光线照射或受到惊吓而发病。症状性癫痫的原因，一是脑内因素，如脑炎、脑内寄生虫、脑肿瘤等；二是脑外因素，主要见于低血糖、尿毒症、外耳道炎、电解质失调及某些中毒病。

【临床症状与病理剖检变化】 真性癫痫发病急，病兔突然倒地，意识丧失，肢体强直性痉挛，瞳孔散大，失去对光反射；牙关紧闭，口流白沫，呼吸一时间停止，随后急促，排尿、排粪失禁。一般持续半分钟或数分钟，症状自行缓解，痉挛逐渐消失，呼吸变平稳，意识恢复，自动站起。但刚恢复后的病兔，仍有软弱无力、神态淡漠的表现。症状性癫痫除上述表现外，尚有原发病的症状。

【预防】 病兔要保持安静，避免各种意外的刺激，如突然的声响、强烈的光线及惊吓等。

【临床用药指南】 真性癫痫，由于病因不明，所以只能对症处理，主要采取镇痉疗法，以减少和抑制癫痫的发作。可口服三溴合剂（溴化钾、溴化钠、溴化铵各等份），或静脉注射安溴合剂，每只兔2~3毫升。症状性癫痫，应及时治疗原发病。病兔适时淘汰。

第五章　皮肤、耳、眼疾病的鉴别诊断与防治

第一节　皮肤、耳、眼疾病的诊断思路及鉴别诊断要点

一、诊断思路

1. 皮肤病

诊断兔的皮肤病，应由表到里，由外及内，先检查被毛，后检查皮肤，最后推断损害的性质和发病的原因。

（1）**被毛的检查**　健康兔被毛完整，平顺浓密，有光泽、富有弹性。除了季节性、年龄性换毛外，被毛缺损、粗糙蓬乱、稀疏、暗淡无光、污浊，均为营养不良或患病的表现，如腹泻病、寄生虫病、慢性消耗性疾病等。若兔被毛较短或无毛，可能自身患食毛症或者同笼或相邻兔患食毛症，患食毛症的兔可能得毛球症；被毛脱落、皮肤呈丘疹和大小不一的结痂，可能患皮肤癣菌病、螨病。兔颌下、胸部、前爪被毛湿润，则可能患溃疡性齿龈炎、齿病、传染性水疱性口炎、坏死杆菌病等。用手拨开被毛发现有虫体，可能患兔蚤病、兔虱病或硬蜱病。

（2）**皮肤的检查**　健康兔的皮肤完整，致密结实而富有弹性。检查时应查看皮肤颜色及完整性，并用手触摸身体各部位有无脓肿，光滑与否。鼻端、两耳背及边缘、爪、身体其他部位等处脱毛，并有麸皮样的结痂物，可能患螨病或毛癣菌病。头、颈、腹部、背部或其他部位皮肤有凸起即脓肿，可能患葡萄球菌病或棒状杆菌病等。腹部有凸出皮肤、表面柔软的凸起，可能患疝气。母兔乳头周围皮肤呈暗紫色或有脓肿，可能患乳腺炎。若公兔睾丸皮肤有糠麸样皮屑，肛门周围及外生殖器官的皮肤有结痂，可能患密螺旋体病。若皮肤出现痘疹病变，表现为红斑、丘疹坏死和出血，则可疑为兔痘。口腔、下颌部和胸前部皮肤坏死并有恶臭，可能患坏死杆菌病。另外注意有无外伤。

2. 耳的检查

兔正常的耳朵应直立且转动灵活。若耳朵下垂（除公羊兔等品种特征外），则可能因抓兔方法不当或受外伤、冻伤所致。耳内应清洁，耳尖、耳背无结痂。若耳内有结痂，

则可能患痒螨或中耳炎；若耳边缘有痂皮，可能患疥癣病。耳基部脱毛且有痂皮，可能患皮肤癣菌病。耳部有圆形凸起，其中有血样液体，可能为耳血肿。用手握住兔耳朵感觉过热，耳呈红色，则为热性病；用手握住兔耳朵感觉发凉，耳色青紫，则可能患有重病。

3. 眼的检查

健康兔的眼睛圆而明亮，活泼有神，眼角干净无脓性分泌物。若眼睛呆滞，似张非张，反应迟钝，则为患病或衰老的象征。若眼睛流泪或有黏液、脓性分泌物，可能患慢性巴氏杆菌病。如果兔的眼睛长得像牛的眼睛那样圆睁而凸出，则为"牛眼"畸形。眼泪过多或眼睑炎都可能患结膜炎、角膜炎、角膜溃疡或眼睛异物。眼结膜颜色呈潮红、苍白、发绀、黄染等症状，均为患病的表现。若结膜苍白，多为急性肝脏、脾脏大出血或严重的消耗性疾病；黄染、机体消瘦可能患肝片吸血病、球虫病、附红细胞体病等；结膜发绀，多因热性传染病等所致，如巴氏杆菌病等。

二、鉴别诊断要点

皮肤、耳、眼疾病的鉴别诊断中以皮肤病最易混淆，表 5-1 为常见兔皮肤病的鉴别诊断要点。

表 5-1　常见兔皮肤病的鉴别诊断要点

疾病名称	病原／病因	流行特点	临床症状	剖检特征
兔痘	兔痘病毒	仅家兔能自然感染本病，发病不分年龄，但幼兔和妊娠母兔的死亡率最高。康复兔不带毒	皮肤、口鼻黏膜有痘疹形成	剖检可见皮肤、口腔黏膜及腹膜、内脏器官的痘疹病变
兔纤维瘤病	纤维瘤病毒	蚊虫叮咬传播本病。病兔和病毒携带者是本病的传染源，呈地方性流行，流行期较长	青年兔、成年兔在脚的皮下或者口和眼周围出现几个不等的肿瘤，触摸有滑动感	皮下组织增厚，肿瘤与周围组织界限清晰，肿瘤切片见结缔组织细胞增多
兔乳头状瘤病	兔乳头状瘤病毒	蚊虫叮咬是主要传播途径，感染此病毒后，受感染部位的皮肤形成肿瘤	患部形成灰色或黑色肿瘤，继而变成干硬似"花椰菜"团块	感染部位的皮下角质化细胞增多
兔黏液瘤病	黏液瘤病毒	只感染家兔和野兔，病兔是主要的传染源。主要传播方式是以节肢动物特别是蚊虫和跳蚤等吸血昆虫为媒介。一年四季均可发生，但在蚊虫大量滋生的季节多发	全身皮下，尤其是头面部和天然孔周围皮下发生黏液瘤性肿胀	组织检查，可见典型的黏液瘤病的病理变化
仔兔脓毒败血症	金黄色葡萄球菌	本病多发生在卫生条件差、有乳腺炎、脚皮炎、脓毒败血症的兔群	仔兔皮肤多处发生粟粒大、白色脓疱，脓液呈白色乳油状	多数病例的肺和心脏也常见许多白色小脓疱
棒状杆菌病	棒状杆菌或化脓棒状杆菌	主要通过污染的土壤、垫草、饲料、饮水等接触感染，常为散发	病兔消瘦，食欲不佳，皮下发生脓肿和变形性关节炎等	肺、肾脏和皮下有小脓肿病灶，切开脓肿后流出浅黄色、干酪样脓液。关节肿胀，有化脓性或增生性炎症

疾病名称	病原／病因	流行特点	临床症状	剖检特征
坏死杆菌病	坏死杆菌	经伤口和消化道黏膜感染；各年龄兔均可发生，幼兔易感性高；一年四季散发	食欲废绝、流涎。在唇部、头面部、颈部及胸部有坚硬肿块，病灶破溃后散发恶臭气味，体温升高，衰竭死亡	唇部、颈部和胸前部皮下有肿块和坏死灶。颌下淋巴结肿大，有干酪样坏死灶
放线菌病	放线菌	在皮肤和黏膜发生损伤时，病原侵入兔体而发病。呈散发	主要侵袭下颌骨、鼻骨、足、附关节、腰椎骨，造成骨髓炎。下颌骨或其他部位骨骼肿胀，采食困难。有的形成肿瘤样团块	病变部位多见于头、颈部。病变组织中可充满脓汁，最后组织破溃形成瘘管，脓汁从瘘管内排出
毛癣菌病	主要为须毛癣菌，石膏状小孢菌、犬小孢子菌等也可引起	接触性传染，多由引种所致，种兔皮毛表现正常，但为真菌的携带者	可在眼圈、耳部、嘴周围及身体任何部位脱毛、形成痂皮样外观，痂皮下组织有炎症反应	表皮过度角化，真皮有白细胞浸润，切片中可看到很多霉菌孢子和菌丝
螨病	痒螨、疥螨等	多发于春初、秋末和冬季	痒螨：耳内有黄色痂皮和分泌物，有的导致斜颈、转圈。疥螨：患部形成麸皮样痂皮，病兔奇痒，不停搔抓嘴、鼻、脚等患处。食欲不振，消瘦	病变部皮肤表面出现红肿、疱疹、结痂、脱毛，以及皮肤增厚和皲裂
蝇蛆病	双翅目昆虫的幼虫侵入兔的组织或腔道内	全国各地均有发生，常发生于夏季	患部红肿，有痛感，触诊敏感，继而炎性分泌物侵入皮下组织，可形成小洞或瘘管	患部皮下组织有小洞或瘘管，继发形成脓肿，用手挤压有时可见蝇蛆
硬蜱病	蜱寄生于皮肤	温暖季节多发，寒冷季节不发或少发	寄生部位痛痒，可引起贫血消瘦、发育不良和后肢麻痹	造成皮肤机械性损伤，严重时表现为后肢麻痹
脓肿	金黄色葡萄球菌、多杀性巴氏杆菌等	兔舍卫生条件差、皮肤或黏膜易受外伤的兔群多发	在兔任何部位，都可形成大小不一、数量不等的脓肿	剖检可见内脏器官有数量、大小不等的脓肿
兔虱病	兔虱	通过接触感染。在潮湿、污秽的环境中，兔容易发生本病	贫血、消瘦，啃咬、擦痒，继而出现肿胀、皮屑和结痂	病变部位出现肿胀、皮屑和结痂，有时可继发细菌感染，引发化脓性皮炎
兔蚤病	主要为猫栉首蚤	环境污浊兔舍内饲养的兔容易感染本病	瘙痒不安、啃咬患部，导致部分脱毛、发红和肿胀等症状	
湿性皮炎	饮水器安装不当或漏水导致皮肤长期潮湿，继发细菌感染而造成	一年四季、各年龄兔均有易感性	皮肤发炎，呈现脱毛、糜烂和溃疡等。若感染绿脓杆菌则毛色发绿	糜烂、溃疡甚至组织坏死等

兔病鉴别诊断图谱与安全用药

疾病名称	病原/病因	流行特点	临床症状	剖检特征
异食癖	食仔癖、食毛症、食足癖等因代谢紊乱、味觉异常所致	秋、冬季多发	分娩后的母兔吃掉自己的仔兔；自身或同笼的兔被毛被吃掉；自己吃掉自己的脚趾，露出骨头	食毛的兔剖检后往往可见胃内有毛球和兔毛
缺毛症	隐性基因所致	呈现家族遗传倾向	病兔仅在头部、四肢和尾部有正常的被毛生长，而躯体部只长有稀疏的粗毛，缺乏绒毛。同窝其他仔兔缺毛症的发病率也较高	
溃疡性、化脓性脚皮炎	体重较大、神经敏感的兔多发；笼地板制作不规范、兔舍湿度大的兔场多发；感染金黄色葡萄球菌	体重较大的成年兔，脚毛稀疏，卫生条件差的兔舍饲养的兔多发	病兔疼痛，畏惧走动，频频换脚负重	跖部底面和趾部侧面的皮肤上见有大小不等的溃疡，继发性细菌感染而出现痂皮下化脓、溃烂
尿皮炎（尿烫伤）	各种因素造成的尿液长时间浸湿肛门、外阴等部皮肤引起的	各种年龄的兔均可发生	病初，病兔肛门、外阴等部位被毛湿润，随后，脱毛、皮肤发红，有时肛门周围皮肤皲裂。患部易继发感染条件下致病菌	病变部位有褐色皮痂覆盖，并有出血性脓性渗出物
眼结膜炎	机械、物理因素，细菌、病毒、寄生虫	春、秋季，各年龄兔均可发生	流泪、眼睑肿胀，眼球凸出，角膜有带状或线状灰白色混浊物和沉淀物	结膜潮红，泪腺肿大，可见脓性分泌物
角膜炎	由机械性损伤、眼球凸出或泪缺乏等所致	管理不当、环境污浊的兔群多发	患眼畏光，角膜上皮缺损或混浊，有少量浆液黏液性分泌物；若治疗不当或继发细菌感染，容易形成溃疡，即溃疡性角膜炎	间质性角膜炎大多呈深在性弥漫性混浊，透明性呈不同程度降低
白内障	遗传	各年龄兔均可发生	一侧或两侧晶状体混浊	晶状体混浊
牛眼	隐性遗传；饲料中缺乏维生素A时常导致本病	5月龄左右的兔易发	结膜发炎，眼球凸出和增大似"牛眼"	病兔眼前房增大，角膜开始清晰或轻微混浊，随后失去光泽、混浊
低垂耳	遗传	近亲繁殖兔多发	耳朵向下并略向前垂在头的两侧	
外伤	饲养管理不当造成砸伤、刺伤、摔伤或兔咬斗等	各年龄兔均可发生	疼痛和伤口裂开。患部周围被毛被污染	局部出血，化脓时创腔或创面有脓汁
冻伤	严冬季节多发	各年龄兔均可发生，仔、幼兔多发	患部肿胀、发红和疼痛；继而溃疡，愈后留下斑痕	患部组织干枯、皱缩以至坏死而脱落
黄脂	遗传	近亲繁殖兔多发	临床无表现	仅在剖检时发现脂肪呈现黄色，颜色深浅不一

第二节　常见疾病的鉴别诊断与防治

一、仔兔脓毒败血症

仔兔脓毒败血症是由金黄色葡萄球菌引起的一种初生仔兔的化脓性疾病。

【流行特点】　本病多发生在卫生条件差、有乳腺炎、脚皮炎、脓毒败血症的兔群。尤其是产仔箱不光滑，垫草粗硬及产箱不卫生等，导致仔兔皮肤表面或黏膜受损伤，造成金黄色葡萄球菌感染。初生仔兔脐带口也是易感病菌的部位。

【临床症状与病理剖检变化】　仔兔出生后 2~6 天皮肤多处发生粟粒大、白色脓疱（图 5-1）。多数病例于 2~5 天内呈败血症死亡。10~12 天的较大患病仔兔出现黄豆到蚕豆大的白色脓疱，凸出皮表，病程较长，最后消瘦死亡。幸存的病兔，脓疱慢慢变干、消失而痊愈。

小脓疱内的脓液呈白色乳油状（图 5-2）。多数病例的肺和心脏也常见许多白色小脓疱。

图 5-1　仔兔皮肤上散在许多粟粒大的小脓疱

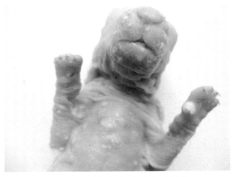

图 5-2　脓疱中有白色脓液

【预防】

（1）**做好兔笼、产箱的卫生工作**　清除产箱内一切锋利的尖刺物。产箱内垫料要柔软、清洁。

（2）**做好仔兔脐带消毒处理工作**　有本病史的兔群，对仔兔的脐带开口做消毒处理，以减少脐带的感染。用 3% 碘酊、5% 甲紫、3% 结晶紫石碳酸溶液等消毒液涂擦脐带开口部位。

（3）**做好外伤的处理工作**　对仔兔皮肤受损伤的部位应及时用 3% 碘酊等药物涂擦消毒。

【临床用药指南】　对仔兔体表脓肿部位每天用 5% 甲紫酒精溶液涂擦，全身治疗方法如下：

[方1] 青霉素：肌内注射，每只兔 5000~10000 单位，每天 2 次，连续数天。

[方2] 新青霉素Ⅱ：肌内注射，每只兔每次 10~20 毫克，每天 2 次，连续 2~3 天。

二、坏死杆菌病

坏死杆菌病是由坏死杆菌引起的以皮肤和口腔黏膜坏死为特征的散发性慢性传染病。

【流行特点】 坏死杆菌广泛存在于自然界，也是健康动物扁桃体和消化道黏膜的常在菌。病兔和带菌兔的分泌物、排泄物均可成为传染源。主要经损伤的皮肤、口腔和消化道黏膜而传染。多为散发，若有其他嗜氧菌并存，有利于本菌的生长，也可呈地方性发生。幼兔比成年兔易感。

【临床症状与病理剖检变化】 病兔不食，流涎，体重减轻，体温升高。唇部、口腔黏膜、齿龈、脚底部、四肢关节及颈部、头面部至胸前等处的皮肤及组织均可发生坏死性炎症（图 5-3），形成脓肿、溃疡。病灶破溃后，病变组织散发出恶臭气味。病兔最后衰竭死亡。剖检除见上述病变外，有时在内脏也可见到转移性坏死灶。

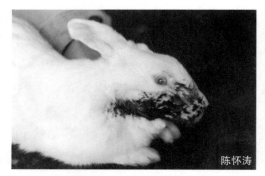

陈怀涛

图 5-3 头、颈皮肤坏死
（口周围、下颌与颈部皮肤坏死，呈污黑色）

【类症鉴别】

（1）与绿脓杆菌病的鉴别 绿脓杆菌病常在肺等内脏和皮下形成脓肿，脓液呈浅绿色或褐色，有芳香味。

（2）与葡萄球菌病的鉴别 葡萄球菌病形成的脓肿有明显包裹，脓肿虽多位于皮下或肌肉，但局部皮肤常不坏死和形成溃疡，脓汁可破裂，但无恶臭味。

（3）与传染性水疱性口炎的鉴别 传染性水疱性口炎虽有流涎症状和口膜炎变化，但口膜炎的表现为水疱、糜烂和溃疡，其他组织器官无病变，多呈急性经过，治疗不及时死亡率高。

【预防】

1）清除饲草、笼内的锐利物，以防损伤兔体皮肤和黏膜。

2）对已经破损的皮肤、黏膜要及时用 3% 双氧水（过氧化氢溶液）或 1% 高锰酸钾溶液洗涤，但不可涂甲紫溶液。

【临床用药指南】

（1）局部治疗 清除坏死组织，口腔先用 0.1% 高锰酸钾溶液冲洗，然后涂擦碘甘油，每天 2~3 次。其他部位可用 3% 双氧水（过氧化氢溶液）或 5% 来苏儿冲洗，然后涂擦 5% 鱼石脂酒精或鱼石脂软膏。患部出现溃疡时，清理创面后涂擦土霉素或青霉素软膏。

（2）全身治疗

[方1] 磺胺二甲嘧啶：肌内注射，0.15~0.2 克 / 千克体重，每天 2 次，连用 3 天。

[方2] 青霉素：2 万 ~4 万单位 / 千克体重，肌内注射，每天 2 次，连用 3 天。

[方3] 土霉素：肌内注射，20~40 毫克 / 千克体重，每天 2 次，连用 3 天。

若兔的食欲下降，可同时灌服苏打片等健胃。

三、脓肿

脓肿主要由外伤感染、败血症在器官内的转移及感染的直接蔓延等引起，可在任何组织、器官或体腔内形成外有脓肿膜包裹、内有脓汁潴留的局限性脓腔。其病原菌主要有金黄色葡萄球菌、巴氏杆菌等。脓肿在兔中极为常见。

【临床症状与病理剖检变化】 脓肿可发生在兔的任何部位，大小不一、数量不等，触诊疼痛，局部温度增高，初期较硬，后期柔软，有波动，若脓肿向外破溃，则流出脓汁（图 5-4~图 5-6）。面部脓肿通常与牙齿疾病有关。病兔精神、食欲正常。若脓肿向内破口时，则可发生菌血症，引起败血症，并可转移到内脏，引起脓毒血症。脓肿发生在内脏器官如肺部、肝脏、子宫、胸腔和腹腔等部位（图 5-7~图 5-10），则出现器官机能受到破坏的临床表现。内脏脓肿若在肺部，可引起兔呼吸困难、呼吸急促，呼吸姿势改变；若在子宫内，可引起母兔屡配不孕等。

图 5-4 下唇部的脓肿

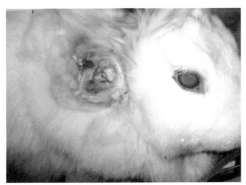

图 5-5 颈侧部的脓肿，已破溃，
脓液呈白色乳油状

图 5-6 注射疫苗消毒不严引起的
颈部皮下脓肿

不同的病原菌发生的部位、脓汁的性质也不同。一般金黄色葡萄球菌引起的脓肿多在头、颈、腿等部位的皮下或肌肉、内脏器官形成一个或几个脓肿。巴氏杆菌引起的脓肿多在肺部、胸腔和生殖器官等部位；绿脓假单胞菌形成的脓灶包膜及脓液呈黄绿色、蓝绿色或棕色，而且具有芳香气味。

图 5-7　胸腔内有大小不等、数量众多的脓肿，
有的脓肿嵌在肺内

图 5-8　腹腔内见数个大小
不等的脓肿，脓汁呈白色

图 5-9　腹腔内见一大脓肿，
直径约 10 厘米

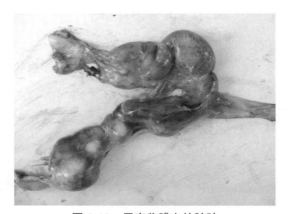

图 5-10　子宫浆膜上的脓肿

【类症鉴别】

与肿瘤、寄生虫形成的肿物的鉴别　触摸脓肿内容物一般有波动感，可以用注射器抽出，而肿瘤和寄生虫形成的肿物则不能。

【预防】

1）保持兔笼清洁卫生，消除兔笼内一切锐物，减少或防止皮肤和黏膜外伤。

2）兔群合理分群，避免兔相互间撕咬。

3）一旦发现皮肤损伤，及时用 5% 碘酊涂擦，防止病原菌感染。

4）经常发生本病的兔场可以定期注射葡萄球菌菌苗。

【临床用药指南】

［方1］　皮下脓肿的治疗：首先剪去脓肿上及周边的兔毛，然后在脓肿的下部切开，将其中的脓液排干净，然后用 0.1%~0.2% 高锰酸钾溶液洗涤，将青霉素粉散在其中，同时肌内注射新青霉素Ⅱ，每只 30~50 毫克，每天 2 次，连用 2~3 天。

［方2］　庆大霉素：在脓肿囊上多点注射庆大霉素，有一定的疗效。

[**方3**] 生蜂蜜：干净的生蜂蜜具有无菌、无毒、吸湿和抗菌的特点，既便宜又有效。首先将脓肿及周边的兔毛剪去，然后用生蜂蜜涂擦患部，每天 2~3 次，连用数天，同时口服庆大霉素或恩诺沙星等。

四、溃疡性、化脓性脚皮炎

兔跖骨部的底面，以及掌骨、指骨部的侧面所发生的损伤性溃疡性皮炎称为溃疡性脚皮炎，若这些部位被病原菌（金黄色葡萄球菌等）感染出现脓肿，则为化脓性脚皮炎，也称为脚板疮。本病对繁殖兔危害严重。母兔一旦患病，采食量下降、泌乳力降低，仔兔成活率下降，最后只能淘汰。

【**病因**】 饲养管理差，卫生条件差，笼底板粗糙、高低不平，金属底网铁丝太细、凹凸不平，兔舍过度潮湿均易引发这两种病。神经过敏，脚毛不丰厚的成年兔、大型兔种较易发生。兔舍湿度大，本病的发生率也高。

【**临床症状与病理剖检变化**】 本病的发生呈渐进性。多从跖骨部底面或掌部侧面皮肤开始，被毛掉落、红肿，出现小面积的溃疡区，上面覆盖有白色干性痂皮，随后溃疡面积扩大，有的皮肤破溃、出血（图 5-11 和图 5-12）。病兔食欲下降，体重减轻，驼背，呈踩高跷步样，如果四肢均患病，兔则频频换脚，交替负重，靠趾尖行走。患病哺乳母兔因疼痛，采食量急剧下降，致使泌乳量减少，仔兔吃不上足够的母乳，死亡率升高或整窝死亡。若兔舍卫生条件差，溃疡部可继发细菌感染，病原菌主要为金黄色葡萄球菌，在痂皮下发生脓肿，脓肿破溃流出乳白色乳油样脓液，有些病例发生全身性感染，呈败血病症状，病兔很快死亡（图 5-13~图 5-15）。

图 5-11　脚底皮发生溃疡

图 5-12　后肢跖骨部底面
皮肤多处脱毛、结痂、破溃

图 5-13　前肢掌部脱毛、脓肿

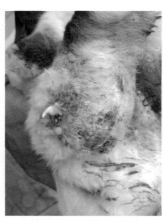

图 5-14　跗骨部脓肿，
脓汁呈乳白色

图 5-15　后肢跖侧面感染病原菌，脓肿发生破溃，
流出白色乳油状脓液，该兔不久即死亡

【预防】

1）兔笼地板以竹板为好，笼底面要平整，竹板上无钉头外露，笼内无锐利物等。

2）保持兔舍、兔笼、产箱内清洁、卫生、干燥。

3）兔的大脚、脚毛丰厚都可遗传给后代，生产中选择这些兔进行繁殖有助于降低本病的发生率。

4）一旦发现足部有外伤，立即用 5% 碘酊或 3% 结晶紫石碳酸溶液涂擦。

【临床用药指南】　先将病兔放在铺有干燥、柔软的垫草或木板的笼内。

［方1］　用橡皮膏围病灶重复缠绕（尽量放松缠绕），然后用手轻握压，压实重叠橡皮膏，20~30 天可自愈。

［方2］　先用 0.2% 醋酸铝溶液冲洗患部，清除坏死组织，并涂擦 15% 氧化锌软膏或土霉素软膏。当溃疡开始愈合时，可涂擦 5% 甲紫溶液。并肌内注射抗生素。

［方3］　若病变部形成脓肿，应按外科常规排脓后用抗生素药物进行治疗。

由于本病发生于脚底部，疮面不易保护，难以根治，同时化脓型的易污染兔舍，传染给其他兔，因此，对严重病例一般不予治疗，应将其淘汰。

五、兔痘

兔痘是由兔痘病毒引起兔的一种急性、热性、高度接触性传染病，其特征是皮肤、口鼻黏膜及腹膜、内脏器官有痘疹形成。幼兔和妊娠母兔发病后致死率较高。

【流行特点】　只有家兔能自然感染本病，发病不分年龄，但幼兔和妊娠母兔的死亡率最高。病兔鼻、眼等分泌物含有大量病毒，主要经消化道、呼吸道、伤口、交配感染。消灭并隔离病兔仍不能防止本病在兔群中流行，康复兔不带毒。

【临床症状与病理剖检变化】　潜伏期，新疫区为 2~9 天，老疫区为 2 周。

（1）痘疱型　体温升高，不食，流鼻液，淋巴结（特别是胭淋巴结和腹股沟淋巴结）、扁桃体肿大。皮肤出现痘疹病变，表现为红斑、丘疹坏死和出血（图 5-16）。有的发生结膜炎、外生殖器炎、支气管肺炎、流产和神经症状。感染后1~2周死亡。剖检可见皮肤、口腔黏膜及腹膜、内脏器官的痘疹病变，皮下水肿，口腔及其他天然孔水肿。

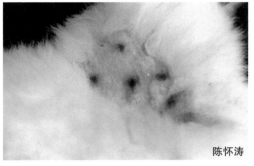

陈怀涛

图5-16　皮肤痘疹，已干燥、坏死、结痂

（2）**非痘疱型**　多无典型痘疹变化，但常见胸膜炎、肝脏坏死灶、脾脏肿大、睾丸水肿与出血，以及肺和肾上腺的灰白色小结节。

【类症鉴别】

（1）**与绿脓杆菌病的鉴别**　绿脓杆菌病常在肺等内脏和皮下形成脓肿，脓液呈浅绿色或褐色，有芳香味。

（2）**与葡萄球菌病的鉴别**　葡萄球菌病形成的脓肿有明显包裹，脓肿虽多位于皮下或肌肉，但局部皮肤常不坏死和形成溃疡，脓汁可破裂，但无恶臭味。

（3）**与传染性水疱性口炎的鉴别**　传染性水疱性口炎虽有流涎症状和口膜炎变化，但口膜炎的表现为水疱、糜烂和溃疡，其他组织器官无病变，多呈急性经过，治疗不及时死亡率高。

【预防】

1）加强日常卫生防疫工作，避免引入传染源。

2）兔受到本病威胁时，可用牛痘病毒苗紧急预防接种。

【临床用药指南】　本病目前尚无有效预防措施。可试用下列方法进行治疗。

［方1］　皮肤上或其他部位的痘，可将病变剥离后，伤口涂碘酊消毒，或用2%硼酸溶液冲洗后，再用3%蛋白银溶液冲洗。

［方2］　局部治疗：在痘疹的局部可涂以碘酊；若痘疹已破，可先用3%苯酚或0.1%高锰酸钾溶液冲洗后再涂上碘甘油。

兔痘病毒不感染人。

六、兔纤维瘤病

兔纤维瘤病是由兔纤维瘤病毒引起家兔和野兔的一种良性肿瘤病。其特征为皮下或黏膜下结缔组织形成结块状纤维瘤。

【流行特点】　一般只有家兔和野兔具有易感性。主要通过间接接触而感染，不经过胎盘及乳汁而引起垂直传播。自然界中，蚊子、跳蚤等吸血昆虫可以参与传播本病。

【临床症状与病理剖检变化】　自然感染病兔，食欲正常，精神良好，多在腿、脚、面部、耳朵或其他部位皮下形成坚实的结节或团块状圆形肿瘤（图5-17），肿瘤单发或多发，常具滑动性。有的病兔外生殖器充血、水肿。一般成年兔的肿瘤为良性经过，可保持数月，肿瘤消失后组织并无损伤，但幼兔也可引起死亡。剖检可见位于皮下的肿瘤质硬，大小不等，界限较明显，一般无炎症或坏死反应（图 5-18）。组织学检查发现，肿瘤主要是由梭状的纤维瘤细胞组成的（图 5-19）。

【类症鉴别】

与黏液瘤病的鉴别　除从临床症状和病理变化可初步区别外，进一步鉴别应将肿瘤病料的悬液接种于 10~12 日龄鸡胚绒尿膜上，纤维瘤病毒所引起的痘样病灶比黏液瘤病毒更小，而且不侵害胚体。此外在细胞培养中或在鸡胚绒尿膜上进行病毒分离，以及血清中和试验也可加以区别。

耿永鑫

图 5-17　鼻孔上方有一个圆块状纤维瘤

陈怀涛

图 5-18　兔纤维瘤病

［纤维瘤呈结节状（皮肤已剥除），右侧为切面：肿瘤界限明显，可见丝状纹理］

【预防】

1）引入种兔应严格检疫，隔离观察，证明无病后方可入群饲养。

2）杜绝病原传入并防止野兔及吸血昆虫进入兔舍。

3）发现病兔立即扑杀，尸体深埋或焚烧，兔舍、兔笼、用具等严格消毒。

4）流行区兔群可用兔纤维瘤病毒疫苗进行免疫接种。

本病一般为良性经过，病兔康复后具有坚强的免疫力，对黏液瘤病也有抵抗力。

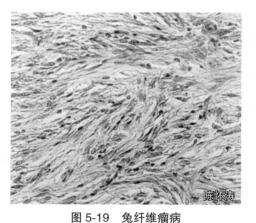

陈怀涛

图 5-19　兔纤维瘤病

（瘤组织主要由大小比较一致的长条状、梭状瘤细胞组成的，胶原细胞较多，细胞与纤维成束交织）

七、兔乳头状瘤病

兔乳头状瘤病是由病毒引起的一种肿瘤性疾病，其特征为局部皮肤呈乳头状生长。

【流行特点】　此肿瘤原发于野生棉尾兔，具有传染性。

【临床症状与病理剖检变化】　本病具有传染性，兔群中如有一只患病，则乳头状瘤可长期存在，并能发生恶性变化，引起死亡。在皮肤（头、颈、乳腺、腹、背、四肢、肛门等部）或口腔黏膜（主要在舌腹面）形成肿瘤（图5-20）。肿瘤位于皮肤时，呈黑色或暗灰色，表面有厚层角质。在口腔，本瘤多位于舌腹面，色灰白、呈结节状、表面光滑，较大时形似花椰菜状。

【预防】　控制传染源，消灭昆虫等媒介，严格执行兽医卫生防疫制度。该病不需要治疗，经过一段时间后可自行消退。

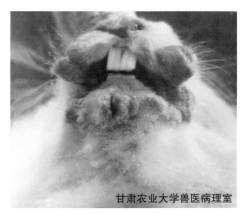

甘肃农业大学兽医病理室

图 5-20　口周皮肤有多发性乳头状瘤生长，有的表面出血、发炎

八、兔黏液瘤病

兔黏液瘤病是由黏液瘤病毒引起的一种高度接触性、致死性传染病。其特征为全身皮下，尤其是头面部和天然孔周围皮下发生黏液瘤性肿胀。

【流行特点】　自然条件下只感染家兔和野兔，病兔是主要的传染源，健康兔与病兔或其污染的饲料、用具、饮水等接触即可感染。但主要传播方式是以节肢动物特别是蚊虫和跳蚤等吸血昆虫为媒介。一年四季均可发生，但在蚊虫大量滋生的季节多发。

【临床症状与病理剖检变化】　最急性：出现眼睑肿胀后1周内死亡。急性：感染后6~7天出现全身性肿瘤，眼睑肿胀，黏液脓性结膜炎（图5-21），8~15天死亡。慢性：轻度水肿及少量鼻漏和眼垢，还有界限明显的结节，表现症状较轻，死亡率低。本病最突出的病变是皮肤肿瘤和皮下显著水肿，尤其是颜面部和天然孔周围的肿胀（图5-22）。组织学检查，可见典型的黏液瘤病的病理变化（图5-23）。

西班牙 HIPRA，S.A 实验室

图 5-21　兔黏液瘤病

（眼睑肿胀，鼻孔周围皮肤肿胀，鼻塞，呼吸困难）

【类症鉴别】

（1）**与兔病毒性出血症的鉴别**　这两种病均由病毒所致，而且均能使90%以上易感兔发病致死，但兔病毒性出血症一般不能引起断乳前仔兔发病死亡，这是流行病学

上的重要区别点。兔病毒性出血症病兔出现神经症状，鼻腔流出鲜红泡沫样血液，肝脏瘀血、肿大、呈暗红色，肾脏肿大，皮质有不规则灰黄色或灰白色区，使肾脏呈花斑肾；肺瘀血、水肿、出血。患黏液瘤病的兔呈全身皮下或头部皮下水肿及脓性结膜炎，而肝脏、肾脏、肺无上述病理变化，可进行区别。

图 5-22　兔黏液瘤病

（兔耳肿胀，耳部和头部皮肤有不少黏液瘤结节，同时尚有继发性结膜炎，见眼睑肿胀）

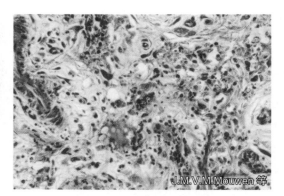

图 5-23　黏液瘤的组织结构

瘤组织主要由大小不等的多角形与梭形瘤细胞构成，细胞间为淡染的无定形基质和散在的中性粒细胞，胶原纤维稀疏，血管内皮与外膜细胞增生

（2）与兔痘的鉴别　患兔痘的兔以皮肤丘疹、坏死、出血，内脏器官均有灰白色的小结节病灶等为特征，这些病变为黏液瘤病所没有。

【预防】　我国目前尚未发现本病的发生，为此从国外引种时要严格检疫，防止本病传入我国。

1）加强检疫。严禁从有本病的国家进口兔和未经消毒的兔产品，以防本病传入。一旦发生本病，立即扑杀处理，并彻底消毒。

2）严防野兔进入饲养场。

3）做好兔场清洁卫生工作，防止吸血昆虫叮咬兔。

4）用黏液瘤病毒灭活菌进行预防接种是预防本病的有效方法。

本病无有效的治疗方法。

九、毛癣菌病

毛癣菌病是由致病性皮肤癣真菌感染表皮及其附属结构（如毛囊、毛干）而引起的疾病，其特征为皮肤局部脱毛、形成痂皮甚至溃疡。除兔外，本病也可感染人、多种畜禽及野生动物。兔群一旦感染，死亡率虽不高，但会导致兔采食量下降，生长受阻，出栏期延长，皮用兔皮毛质量下降，同时很难彻底治愈，是目前为害兔业发展的主要顽疾之一。

【流行特点】　本病多由引种不当所致。引进的隐形感染者（青年兔或成年兔）不表现临床症状，待配种产仔后，仔兔哺乳被相继或同窝感染发病，青年兔可自愈，但常为带菌者（图5-24）。

【临床症状与病理剖检变化】 出生后仔兔吸吮母兔乳头时，乳头周围被毛湿润，使隐形感染的癣菌复发，一方面乳头周围脱毛、发红、起痂皮，同时仔兔吸乳时被感染。最先从嘴周发病，随后迅速扩散到鼻部、面部、眼周围、耳朵及颈部等皮肤，继而感染肢端、腹下和其他部位（包括肛门、阴部等），患部皮肤形成不规则的块状或圆形、椭圆形脱毛与断毛区，覆盖一层灰白色糠麸状痂皮，并发生

图5-24　癣菌病的传播过程

炎性变化，有时形成溃疡（图5-25~图5-32）。病兔剧痒，骚动不安，采食下降，逐渐消瘦，或继发感染使病情恶化而死亡。本病虽可自愈，但成为带菌者，严重影响生长及毛皮质量。

图5-25　母兔乳头周围脱毛、发红，
形成浅黄色痂皮

图5-26　嘴与鼻周、眼周脱毛、充血、起痂

图5-27　嘴、眼、前胸、前后肢等
部位脱毛，痂皮较厚

图5-28　同窝、同笼兔相继或同时发病

【类症鉴别】

（1）与螨病的鉴别　螨病不同年龄的兔均可发病，多在耳内（痒螨）、脚趾部、鼻端、耳边缘（疥癣）等，体躯上很少有片状脱毛和病变；螨病形成的痂皮较厚，多有

皲裂等，镜检可查出螨虫，用伊维菌素治疗有效果。毛癣菌病在仔兔时即可发病，多在鼻端、嘴周、眼圈、耳根、肛门、阴部等身体任何部位都可出现脱毛、结痂；可以自愈；镜检可察到真菌孢子和菌丝体，伊维菌素治疗无效。

图 5-29　眼圈、肢部及腹部发生脱毛、充血，并形成痂皮

图 5-30　背部、腹侧有界限明显的片状脱毛区，皮肤上覆盖一层白色糠麸样痂皮

图 5-31　肛门周围形成痂皮

图 5-32　阴部形成灰色痂皮

（2）**与脱毛、食毛癖的鉴别**　脱毛、食毛的脱毛部位无病变，无痂皮，而毛癣菌病脱毛处有痂皮，一般呈圆形或椭圆形。

【预防】

（1）**引种时要严格检查**　对供种场兔群尤其是仔、幼兔要严格调查，确定无病时方可引种。种兔引进本场时，必须隔离观察至第1胎仔兔断奶，确认出生后的仔兔无本病发生，才能将种兔混入本场兔群中饲养。

（2）**及时发现，及时淘汰**　一旦发现兔群有疑似病例，立即隔离治疗，最好将其淘汰，并对所处环境进行全面彻底消毒。

【临床用药指南】　由于本病传染快，治疗有效果但易复发，为此，建议以淘汰为主。

［**方1**］　克霉唑：对初生仔兔全身涂抹克霉唑制剂可以有效预防仔兔发病。也可将克霉唑、滑石粉等混合散在产仔箱内。

　　[**方2**] 局部治疗。先用肥皂或消毒药水涂擦，以软化痂皮，将痂皮去掉，然后涂擦2%咪康唑软膏或益康唑霉菌软膏等，每天涂2次，连涂数天。

　　[**方3**] 全身治疗。口服灰黄霉素，25~60毫克/千克体重，每天1次，连服15天，停药15天再用15天。灰黄霉素有致畸作用，妊娠兔禁用，肉用兔禁用。

　　本病可传染给人，尤其是小孩、妇女（图5-33和图5-34），因此须注意个人防护工作。

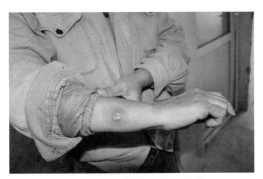

图 5-33　饲养人员感染真菌

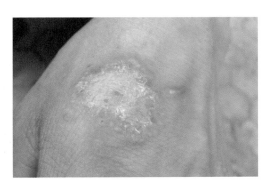

图 5-34　手背感染，发红，起痂皮

十、螨病

　　螨病又称为疥癣病，是由痒螨（图5-35）和疥螨（图5-36）等寄生于体表或真皮而引起的一种高度接触性慢性外寄生虫病。其特征为病兔剧痒、结痂性皮炎、脱毛和消瘦。

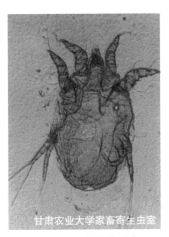

图 5-35　痒螨的形态

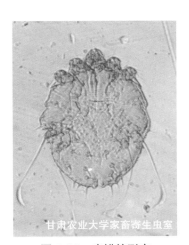

图 5-36　疥螨的形态

　　【**流行特点**】　不同年龄的兔均可感染本病，但幼兔比成年兔易感性强，发病严重。主要通过健康兔和病兔接触感染，也可由兔笼、饲槽和其他用具而间接传播。日光不足、阴雨潮湿及秋冬季节最适于螨的生长繁殖和促使本病的发生。

【临床症状与病理剖检变化】

（1）**痒螨病** 由痒螨引起。主要寄生在耳内，偶尔也可寄生于其他部位，如会阴的皮肤皱襞。病兔频频甩头，检查耳根、外耳道内有黄色痂皮和分泌物（图 5-37），病变蔓延至中耳、内耳甚至出现脑膜炎时，可导致斜颈，转圈运动、癫痫等症状（图 5-38）。

图 5-37 耳郭内皮肤粗糙、结痂，有较多干燥分泌物

图 5-38 痒螨引起的斜颈，转圈运动

（2）**疥螨病** 由兔疥螨、背肛疥螨等引起。一般发病在头部和掌部无毛或短毛部位（如脚掌面、脚爪部、耳边缘、鼻尖、嘴唇等部位），形成白色痂皮（图 5-39 和图 5-40），兔有痒感，频频用嘴啃咬患部，故患部发炎、脱毛、结痂、皮肤增厚和皲裂，采食下降，如果不及时治疗，最终消瘦、贫血，甚至死亡。有的病兔被痒螨、疥螨同时感染（图 5-41 和图 5-42）。

图 5-39 四肢、鼻端均被感染、结痂

图 5-40 嘴唇皮肤结痂、皲裂、出血

【类症鉴别】

与毛癣菌病的鉴别 见毛癣菌病。

【预防】

1）定时消毒，保持兔舍清洁卫生。兔舍、兔笼定期用火焰或 2% 敌百虫水溶液进行消毒。

图 5-41　外耳道有浅红色干燥分泌物，
耳边缘皮肤增厚、结痂

图 5-42　耳内、耳边缘及
鼻部混合感染

2）发现病兔，及时隔离治疗，种兔停止配种。

【临床用药指南】本病的治疗方法有内服、皮下注射和外用药等。

外用药治疗疥螨时，为使药物与虫体充分接触，应先将患部及其周围处的被毛剪掉，用温肥皂水或 0.2% 来苏儿溶液彻底刷洗、软化患部，清除硬痂和污物后，用清水冲洗干净，然后再涂抹上药物，效果较好。

［方1］伊维菌素：伊维菌素是目前预防和治疗本病最有效的药物，有粉剂、胶囊和针剂，根据产品说明使用。

［方2］螨净：其成分为 2- 异丙基 -6 甲基 -4 嘧啶基硫代磷酸盐，按 1∶500 比例稀释，涂擦患部。

治疗时注意事项：①治疗后，隔 7~10 天再重复 1 个疗程，直至治愈为止。②治疗与消毒兔笼同时进行。③兔不耐药浴，不能将整个兔浸泡于药液中，仅可依次分部位治疗。痒螨容易治疗。疥螨较顽固，需要多次用药。

十一、硬蜱病

蜱，俗称壁虱、草爬子、狗豆子，是一种专性吸血的体外寄生虫。本病是由蜱寄生于兔体皮肤的一种体外疾病。我国各地都有蜱侵袭兔群的报道。

【流行特点】不同地区、不同种类的蜱，其活动周期不相同。在我国北方，一般是春、夏、秋三季活动，南方全年都可有蜱活动。通常在温暖季节多发，寒冷季节不发或少发。

【临床症状与病理剖检变化】蜱寄生在兔的体表（图 5-43），叮咬皮肤吸血，造成皮肤机械性的损伤，寄生部位痛痒，使兔躁动不安，影响其采食和休息。在蜱吸食固着的部位，易造成继发感染。蜱大量寄生时，可引起兔贫血消瘦，发育不良，皮毛质量下降。蜱的唾液中含有大量毒素，大量叮咬时，可以造成动物麻痹，被称为蜱麻痹，主要表现为后肢麻痹。蜱可以传播许多病毒、细菌、立克次氏体等疾病，在临床上表现相应的症状。

闫文朝

图 5-43　兔背部皮肤上的蜱

【预防】

（1）消灭兔体上的蜱　发现兔体上有少量的蜱寄生时，可用乙醚、煤油、凡士林等涂于蜱体，等其麻醉或窒息后再拔除。拔除蜱时，应保持蜱体与兔体表成垂直方向，向上拔除，否则蜱的口器会断落在兔的皮肤内，引起局部炎症。

（2）消灭兔舍内的蜱　兔舍是蜱生活和繁殖的适宜场所，通常生活在舍内墙壁、地面的缝隙内。可用石灰水（1 千克石灰加 5 升水）加 1 克敌百虫粉喷洒这些缝隙，也可用 2% 敌百虫液洗刷。另外，消灭兔舍周围环境中的蜱也是非常必要的。

【临床用药指南】　伊维菌素，0.02 毫克 / 千克体重，1 次皮下注射，效果很好。

十二、兔虱病

兔虱病是由各种兔虱寄生于兔的体表所引起的一种外寄生虫病。其特征为皮肤有痒感和皮炎。

【流行特点】　主要是接触传染。健康兔和病兔直接接触，或通过接触被污染的兔笼、用具均可传染。

【临床症状与病理剖检变化】　兔血虱在吸血时能分泌有毒素的唾液，刺激神经末梢发生痒感，引起病兔不安，影响其采食和休息。有时在皮肤内出现小结节、小出血点甚至坏死灶。病兔啃咬或摩擦痒部可造成皮肤损伤，如继发细菌感染，则引起化脓性皮炎。病兔消瘦，幼兔发育不良，毛皮质量下降。

【类症鉴别】

与兔蚤病的鉴别　两者外形差异较大，兔蚤病的虫体能跳跃，而兔虱不能。

【预防】

1）防止将患兔虱病的兔引入健康兔场。

2）对兔群定期检查，发现病兔立即隔离治疗。兔舍要经常保持清洁、干燥、阳光充足。

3）定期消毒和驱虫，驱虫可用伊维菌素，剂量按说明使用。

【临床用药指南】

[**方 1**]　精制敌百虫 1 份与 50 份滑石粉均匀混合，用双层纱布包好，逆毛进行

涂擦。

[方2] 伊维菌素：针剂或粉剂，按产品说明使用。

治疗时要求间隔 7~10 天重复施治 1 次，直至治好。

十三、兔蚤病

兔蚤病是由蚤（图 5-44 和图 5-45）引起兔瘙痒不安、皮肤发红和肿胀为特征的一种体外寄生虫病。

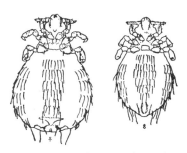

图 5-44　大腹兔蚤（腹面观）

图 5-45　猫栉首蚤虫体形态

【临床症状与病理剖检变化】 寄生在兔皮肤上（图 5-46），可导致兔瘙痒不安、啃咬患部，导致部分脱毛、发红和肿胀等症状。严重时可造成皮肤损伤，激发细菌感染。

图 5-46　猫栉首蚤寄生在兔皮肤上

【类症鉴别】

与兔虱病的鉴别 见兔虱病。

【预防】 防止野兔进入兔饲养场是控制本病的关键。

【临床用药指南】

吡虫啉：是一种杀成年虱的药物。治疗兔子时可参考治疗猫的剂量，即治疗病兔的剂量应将猫用剂量分为 2~3 次给予。

治疗兔的同时，还应注意用驱虫剂杀灭兔舍地板缝隙或其他环境中的幼虫和卵。

十四、眼结膜炎

结膜炎是指眼睑结膜、眼球结膜的炎症性疾病。在规模兔场十分常见。

【病因】 ①机械性因素。如灰尘、沙土或草屑等异物进入眼中，眼睑外伤，寄生虫的寄生等。②理化因素。如兔舍密闭，饲养密度大，粪尿不及时清除，通风条件不好，致使兔舍内空气污浊，氨气等有害气体刺激兔眼；化学消毒剂、强光直射及高温的刺激。③日粮中维生素 A 缺乏。④病原菌感染。常见的病原菌主要为多杀性巴氏杆菌等。

【发病特点】 本病一年四季均可发病，但冬、春季多发。通风不好的兔群多发。患有巴氏杆菌病的兔群发生率较高。

【临床症状与病理剖检变化】 病初以卡他性结膜炎为特征，结膜轻度潮红、肿胀，流出少量浆液性分泌物（图 5-47 和图 5-48）。随后则流出大量黏液性分泌物，眼睑闭合，下眼睑及两颊被毛湿润或脱落（图 5-49 和图 5-50），眼多有痒感。如不及时治疗，往往发展为化脓性结膜炎。眼睑结膜严重充血、肿胀，从眼中排出或在结膜囊内积聚大量黄、白色脓性分泌物（图 5-51），上下眼睑无法睁开，如炎症侵害角膜，可引起角膜混浊、溃疡，甚至造成兔失明。许多病例伴有鼻炎（图 5-52）。

图 5-47　眼结膜潮红，眼睑肿胀

图 5-48　流浆液性分泌物，眼角下被毛湿润

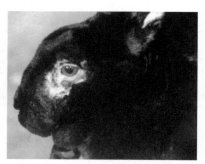

图 5-49　结膜炎长期不愈，眼眶下被毛脱落

图 5-50　眼结膜充血，眼睑肿胀，并附有白色脓性分泌物，上下眼睑难以张开

图 5-51　结膜囊中充满大量白色脓性分泌物

图 5-52　眼结膜发炎，伴有化脓性鼻炎

【类症鉴别】

（1）化脓性结膜炎与维生素 A 缺乏引起的结膜炎的鉴别　维生素 A 缺乏症仔兔和成年兔均可发生，病兔除生长缓慢、头颈缩起、四肢麻痹等症状外，还表现眼病。角膜表面呈模糊的白斑或白带，角膜混浊、粗糙而干燥，球结膜的边缘部分有色素沉着，严重者为弥漫性角膜炎、虹膜睫状体炎，眼前房积脓和永久性盲眼。病兔多数无传染性鼻炎史，微生物分离培养无多杀性巴氏杆菌。

（2）化脓性结膜炎与异物性结膜炎的鉴别　异物性结膜炎由灰尘、沙土吹入眼内，或氨气、硫化氢等的刺激，眼睑外伤等外界因素所致。病兔呈卡他性结膜炎，一般表现流泪，结膜充血、红肿，通常无脓性分泌物，当外界因素消除后很快痊愈。

【预防】

1）及时清除舍内粪尿，加强通风，保持兔舍空气清新、清洁卫生。

2）带兔消毒应选用高效、低气味的消毒药。

3）供给兔富含维生素 A 的全价饲料。

4）及时治疗或淘汰兔群中患传染性鼻炎、中耳炎的病兔。

5）定期注射巴氏杆菌菌苗，每年 3 次，皮下注射。

【临床用药指南】　治疗前要及时消除病因，同时添喂富含维生素 A 的饲料。

［方1］　先用无刺激的防腐、消毒、收敛药液清洗患眼，如 2%~3% 硼酸溶液或生理盐水洗去眼垢，然后选用抗菌消炎药物滴眼或涂敷，如氯霉素眼药水或 0.5% 金霉素眼药水滴眼，每天 3~4 次。分泌物过多时，可用 0.25% 硫酸锌眼药水滴眼。

［方2］　角膜混浊的治疗：可涂敷 1% 黄氧化汞软膏，或将甘汞和葡萄糖等量混匀吹入眼内。

为了镇痛，可用 1%~3% 普鲁卡因溶液滴眼。重症者可同时进行全身治疗，如应用抗生素或磺胺类药物。

治疗期间避免直射光线的刺激。

十五、湿性皮炎

湿性皮炎是皮肤长期潮湿并继发细菌感染而引起的多种皮肤炎症。

【病因】　下颌、颈下、肛门或后肢等部皮肤当长期潮湿并继发多种细菌感染后即可引起皮肤的炎症。口腔疾病流涎、饮水器位置偏低兔体长时间顶住乳头出水及长期腹泻等，都可造成局部皮肤潮湿，从而为细菌的继发感染和繁殖创造了条件。

【临床症状与病理剖检变化】　患部皮肤发炎，呈现脱毛、糜烂、溃疡甚至组织坏死，以及皮肤颜色的变化等（图 5-53）。潮湿部可继发多种细菌，常见的有绿脓杆菌、坏死杆菌，如为前者，局部被毛可呈绿色，故有人称之为"绿毛病""蓝毛病"（图 5-54 和图 5-55）。如为坏死杆菌感染，皮肤与皮下组织发生坏死，常呈污褐色甚至黑褐色，严重时可因败血症或脓毒败血症而死亡。

图 5-53 局部潮湿、脱毛、发红，
进而引起组织坏死

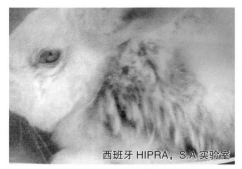

西班牙 HIPRA，S.A 实验室

图 5-54 肩部被毛潮湿，感染绿脓杆菌呈绿色

【预防】 及时治疗口腔、牙齿疾病。根据兔的大小，饮水器位置要适当调高一些，不能过低。笼内要保持清洁、干燥。常更换产箱中的垫草。及时治疗腹泻病。

【临床用药指南】

［方 1 ］ 先剪去患部被毛，用 0.1% 新洁尔灭洗净，局部涂擦四环素软膏，10~14 天为 1 个疗程。

图 5-55 患部脱毛、发红，周边兔毛呈绿色

［方 2 ］ 剪毛后用 3% 双氧水（过氧化氢溶液）清洗消毒后涂擦碘酊。

如感染严重，需使用抗生素进行全身治疗。

十六、食毛癖、毛球症

食毛癖是因营养紊乱而发生以嗜食被毛成癖为特征的营养缺乏症。其特征为病兔啃毛与体表缺毛。食毛的兔容易患毛球症。本病多发生在冬季和早春舍饲的兔。

【病因】 ①饲料营养不平衡，如缺乏钙、磷及维生素或含硫氨基酸时，兔相互啃咬被毛。②管理不当，如兔笼狭小、相互拥挤而吞食其他兔的被毛，未能及时清除掉在料盆、水盆中和垫草上的兔毛，被兔误食。

【临床症状与病理剖检变化】 本病多发于 1~3 月龄的幼兔。较常见于秋冬或冬春季节。主要症状为病兔头部或其他部位缺毛。自食、啃食他兔或相互啃食被毛现象（图 5-56 和图 5-57）。食欲不振，好饮水，大便秘结，粪球中常混有兔毛。触诊时可感到胃内或肠内有块状物，胃体积膨大。由于兔

图 5-56 右侧兔正在啃食左侧兔的被毛，
左侧兔体躯大片被毛已被啃食掉

食入大量兔毛，在其胃内形成毛团，堵塞幽门或肠管，因此偶见腹痛症状，严重时可因消化道阻塞而致死。剖检可见胃内容物混有毛或形成毛球，有时因毛球阻塞胃而导致肠内空虚现象，或毛球阻塞肠而继发阻塞部前段肠臌气（图5-58~图5-60）。

图 5-57　除头、颈、耳难以啃到的部位外，身体大部分被毛均被自己吃掉

图 5-58　胃内容物中混有大量兔毛

图 5-59　从胃中取出的大块毛团

图 5-60　毛球阻塞胃使肠道空虚

【预防】

1）供给营养平衡的饲料。注意添加足量的含硫氨基酸。

2）集中产仔期，及时清除笼内、料盒中的兔毛。

3）每周停喂1次饲料可以有效控制毛球的形成。

4）在饲料中添加氧化镁，可有效防止食毛症的发生。

5）兔笼内经常性地投放木棒或在笼内悬挂铁链等，可以减少本病的发生。

【临床用药指南】

（1）食毛癖的治疗　应及时将病兔隔离，降低饲养密度。

［**方1**］　饲料中补充0.1%~0.2%含硫氨基酸，添加石膏粉0.5%、硫黄1.5%，补充微量元素等。一般1周左右即可停止食毛。

［**方2**］　氧化镁：在饲料中添加0.25%氧化镁，对防止兔食毛癖有帮助。

（2）毛球症的治疗

治疗原则：清除阻塞物、刺激胃肠道运动、恢复胃肠道菌群的平衡、缓解脱水和厌食症状。

[方1] 病情轻者：多喂青绿多汁饲料，多运动即可康复。

[方2] 灌服新鲜或冷藏菠萝汁：因其内含有蛋白质消化酶，成年兔每次10毫升，每天1~2次，持续3天。灌装的菠萝汁无效，因在制作过程中酶被灭活。

[方3] 使用增加胃肠动力的药物：如胃复安（甲氧氯普胺），0.5毫克/千克体重，口服或皮下注射，每天3~4次，同时补液、镇痛治疗及抗溃疡法。饲喂益生菌或健康兔的粪便，均有助于恢复肠道菌群的平衡。

在治疗过程中饲喂粗饲料（如青草等）有助于携带毛发通过胃肠道并随粪便排出体外。

对于胃肠毛球症治疗无效者，应施以外科手术取出毛球或淘汰病兔。

十七、食足癣

食足癣是兔经常性地啃食脚趾皮肉和骨骼的一种自残行为。

【病因】 饲料营养不平衡（木质素不足），患寄生虫病，内分泌失调等，也可能与心理障碍有关。本病发生具有季节性倾向，在晚夏、秋季多发。

【临床症状与病理剖检变化】 兔不断啃咬脚趾尤其是后脚趾，伤口经久不愈。严重的露出趾节骨，有的出血、感染化脓或坏死（图5-61~图5-63）。

图5-61　被啃咬的后脚趾，已露出趾骨，并有出血

图5-62　脚趾皮肤被啃食

图5-63　患部出血、坏死

【预防】

1）供给营养全价、平衡的饲料。木质素应达 5% 以上。

2）及时治疗体内、外寄生虫。

3）兔笼内经常性地投放木棒或在兔笼内顶部悬挂铁链等，供兔消遣、玩耍，可以分散注意力，减少本病的发生。

【临床用药指南】 对食足癖可试用氟哌啶醇，0.2~0.4 毫克 / 千克体重，每天 2 次。

十八、尿皮炎（尿烫伤）

尿皮炎是尿液长时间浸湿肛门、外阴等部位皮肤而引起皮肤皲裂、发炎，甚至感染致病菌的一种皮肤疾病。

【病因】 ①神经系统疾病。如脑炎或脊髓骨折、受压，导致尿失禁。尿失禁的兔尿液呈滴状排出，使会阴部一直处于潮湿、发炎状态。②不正确的站姿排尿。溃疡性脚皮炎、关节炎、肥胖、脊椎炎或过小的笼子等，排尿时兔不能抬高后躯使尿液远离皮肤，皮肤被尿液浸渍。③兔清洁自身被毛受到影响。如牙科疾病、肥胖症、脊椎炎等，兔不能及时清理浸湿的被毛、皮肤。④行动不便所致。行动不便使得膀胱内产生尿沉渣，从而可能导致出现泥状沉积物、膀胱炎、尿道炎和尿漏。⑤排尿方向的改变所致。如包皮上的咬伤可以改变排尿的方向，导致出现尿烫伤。⑥饲养管理不当。被尿浸泡的垫料将被毛浸湿，会阴部皮肤烫伤。⑦生殖系统疾病。如密螺旋体病引起会阴部感染和会阴皮肤炎症。

【临床症状与病理剖检变化】 病初，病兔肛门、外阴等部位被毛湿润，随后，脱毛、皮肤发红（图 5-64），有时肛门周围皮肤皲裂。病变区域易继发感染条件性致病菌。病变部位有褐色皮痂覆盖，并有出血性脓性渗出物。

【预防】 引起本病的因素较多，生产中要有针对性地预防措施。

1）做好兔舍、兔笼环境清洁工作。保障兔笼清洁、干燥。

图 5-64 肛门、外阴部周围潮湿、脱毛、发红

2）兔笼不宜过小，密度不宜过大，兔不宜过胖。

3）及时治疗、淘汰患有脑炎、脚皮炎、创伤性脊椎骨折、牙齿疾病、尿结石、密螺旋体病等的兔。

【临床用药指南】 首先查找致病原因，对引起本病的原发性疾病进行治疗或淘汰，将患尿皮炎无治疗价值的兔进行淘汰。

［方1］ 未感染的治疗方法：首先剪去会阴、大腿内侧等部位的被毛，用消毒剂（如洗必泰等）清洗皮肤，局部晾干后，用凡士林或氧化锌软膏涂抹患部。

［**方2**］ 患部受感染的治疗方法：按照以上方法进行局部处理，然后使用呋喃西林药膏涂擦。

十九、角膜炎

角膜炎主要是指角膜的病变，即以角膜混浊、溃疡或穿孔，角膜周边形成新生血管为特征。

【病因】 机械性损伤、眼球凸出或泪缺乏等，是引起浅表性角膜炎或溃疡性角膜炎的主要原因。

【临床症状与病理剖检变化】 浅表性角膜炎早期，患眼畏光，角膜上皮缺损或混浊（图5-65和图5-66），有少量浆液黏液性分泌物；若治疗不当或继发细菌感染，容易形成溃疡即溃疡性角膜炎（图5-67）。角膜缺损或溃疡恶化，常表现为后弹力层膨出（图5-68），进而可发展为角膜穿孔和虹膜前粘连，以至于视力丧失。间质性角膜炎大多呈深在性弥漫性混浊，透明性呈不同程度降低。

图5-65 左眼角膜浅表性炎症

图5-66 角膜白斑

图5-67 右眼呈典型溃疡
性角膜炎

图5-68 病兔眼后弹力层膨出

【类症鉴别】

浅表性角膜炎和间质性角膜炎的鉴别 浅表性角膜炎因表面混浊而失去透明层；

间质性角膜炎一般少见眼分泌物，从患眼侧面视诊，可见角膜表面有完整上皮与泪腺构成的透明层。两者病因不同，正确地鉴别有助于合理治疗。

【预防】 防止眼部受机械损伤。

【临床用药指南】 对浅表性角膜炎（无明显角膜损伤），可用复方新霉素眼药水或点必舒滴眼液等滴眼，每天滴眼 3~4 次；对于角膜损伤或溃疡，可用半胱氨酸滴眼液配合角膜宁、贝复舒或爱丽眼药水滴眼。对于间质性角膜炎，要分析病因和采取针对性疗法。

对于角膜缺失或溃疡的病例，禁用含皮质类固醇的眼药水，因其影响角膜上皮和基质再生，不利于愈合，容易引起角膜穿孔。

二十、耳血肿

耳血肿是指钝性外力作用下耳部皮下血管破裂，溢出的血液在耳郭皮肤与耳软组织之间形成的充满血液的腔洞。血肿多发生在耳郭内侧，偶尔也可发生在外侧。

【病因】 耳血肿多由耳郭受机械性损伤（如提耳抓兔等操作不当），造成血管破裂所致。

【临床症状与病理剖检变化】 耳血肿一般发生于单侧耳郭，患耳因重量增加常下垂（图 5-69）。耳郭局部隆起，与周边界限明显（图 5-70），中心软，无触痛，但有灼热感和弹性。用注射器可从肿块中抽出红色或黄红色液体（图 5-71）。全身症状不明显。

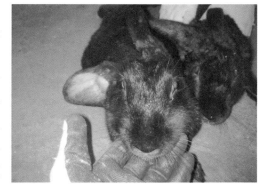

图 5-69　右侧患耳下垂，其内侧皮下见一肿块

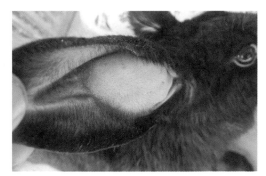

图 5-70　耳郭内侧皮下形成界限明显的肿块

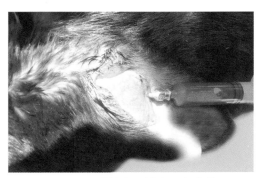

图 5-71　肿块内可抽出红色液体

【预防】 严禁提耳抓兔。防止耳部受外力损伤。

【临床用药指南】 先用 16 号针头注射器抽出耳郭血肿内的液体，然后用强的松龙（泼尼松）1 毫升、青霉素 19 万单位，注射水 2 毫升，混合后局部封闭，隔天 1 次，一般 3 次即可治愈。

二十一、外伤

本病是兔组织或器官因外界机械力作用引起的损伤。也是兔经常出现的一种疾病，损伤不仅影响兔皮质量，降低等级，严重的会引起化脓，甚至死亡。

【病因】 ①兔笼内、运动场锐利物刺破兔体。②兔相互咬斗，咬伤头部或两耳，有的甚至咬掉睾丸。③饲养管理不当造成砸伤、刺伤等。

【临床症状与病理剖检变化】 新鲜创：可见局部出血、疼痛和创口裂开。如伤及四肢可发生跛行。重者可因疼痛、出血严重等而出现不同程度的全身症状，甚至死亡。化脓创：损伤部位出现明显的红、肿、热、痛等症状，创腔或创面有脓汁（图 5-72 和图 5-73），周围被毛被污染。有时出现体温升高，精神沉郁，食欲减退等。化脓性感染消退后，创内出现新生的肉等组织，变为肉芽创。严重的化脓性感染，可因局部病理产物被吸收而发生败血症，易致病兔死亡。

图 5-72 后臀部外伤，出血、化脓

图 5-73 颜部外伤，出血、化脓

【预防】 清除笼内、运动场锐利物，产箱出入口、笼地板不露钉头。3 月龄以上的兔要隔离饲养。兔跑出笼外时，要及时抓进笼内，防止兔间咬斗。兔一旦有外伤，要及时治疗。伤口小而深或污染严重时，及时注射破伤风抗毒素。

【临床用药指南】

（1）**浅部、小面积创伤** 一般涂以 2% 碘酊即可。

（2）**深部化脓创伤** 先剪去伤部周围的被毛，切开排脓，再用 0.1% 高锰酸钾或 3% 双氧水（过氧化氢溶液）或 2% 硼酸等洗净伤口，然后撒上消炎粉或涂上消炎软膏，用纱布或绷带包扎。如果伤口大，流血较多，应首先止血，除局部采用压迫、钳夹、结扎等方法外，弥漫性出血者可撒布止血粉。必要时全身应用止血敏（酚磺乙胺）或维生素 K 等。然后再按以上外伤处理治疗。

（3）**全身治疗** 可内服止痛片，成年兔每次 1 片，幼兔减半，每天 2 次。或内服磺胺片，成年兔每次 1 片，幼兔减半，每天 1 次，连服 3 天。

二十二、冻伤

冻伤是因环境温度低的致病作用引起体表组织的病理损伤。

【病因】 气候严寒，兔舍、兔笼保温不良，易造成兔的冻伤，露天饲养的兔更易发生。湿度大、饥饿、体弱、幼小、运动量小等均可促使本病发生。

【临床症状与病理剖检变化】 青年兔、成年兔的冻伤多发生于耳部与足部。一度冻伤表现为局部皮肤肿胀、发红和疼痛；二度冻伤时，局部形成充满透明液体的水疱，水疱破裂形成溃疡，溃疡愈合后遗留斑痕；三度冻伤时，局部组织干涸、皱缩以致坏死而脱落（图 5-74）。病兔食欲下降，生长缓慢，种兔繁殖性能也受到影响。哺乳仔兔如在产箱外受冻后，全身皮肤发红、发绀，迅速死亡。

图 5-74 兔耳尖因严重冻伤而发生坏死

【预防】 严冬季节要做好兔舍保温工作。密切注意当地天气预报，降温来临之前，做好防寒工作，可用草帘或棉布帘挡住兔舍门、窗。

【临床用药指南】 治疗时要及时把冻伤兔转移到温暖的地方，先用 8~16℃温水浸泡冻伤部位，局部干燥后，涂擦猪油或其他油脂。对肿胀的用 1% 樟脑软膏涂抹。二度冻伤时，在囊疱基部做较小的切口，放出液体，然后涂擦 2% 煌绿酒精溶液。三度冻伤时，将冻伤坏死组织清除掉，用 0.1% 高锰酸钾溶液或 2% 硼酸水清洗，撒一些青霉素粉或涂擦 1% 碘甘油。严重时全身可应用抗生素、静脉注射葡萄糖、维生素 B_1。

二十三、疝

疝也称为疝气。疝包括多种，如腹壁疝、脐疝、阴囊疝等。疝是指腹腔脏器经脐孔、腹肌破孔、腹股沟管等进入脐部皮下、腹部皮下或阴囊中，形成局部性凸起或使阴囊扩张。疝的内容物多为小肠或网膜等。

【病因】 先天性脐部发育缺陷、胎儿出生后脐孔或腹股沟管闭合不全，或腹壁受到撞击使腹膜与腹壁肌肉破裂等，是发生疝的主要原因。

【临床症状与病理剖检变化】 病初在腹下或腹下侧壁出现扁平或半球形凸起，用手触摸柔软（图 5-75）。压迫凸起部体积可显著缩小，同时可摸到皮下的疝气孔。脐

图 5-75 腹壁发生柔软半球形膨胀，其中为进入皮下的肠管

疝位于脐孔部皮下，阴囊疝则在阴囊。剖检或手术时可见，疝内为肠管、肠系膜或膀胱等脏器，有时这些脏器与疝孔周围的腹膜、腹肌或皮下结缔组织发生粘连。

【预防】 防止兔腹壁受到损伤。

【临床用药指南】 应将病兔淘汰或实施手术治疗。

手术的主要操作是分离疝内容物与疝孔缘及疝囊皮下结缔组织的紧密粘连、将瘢痕化的陈旧疝孔修剪为新鲜创伤面、较大的疝孔采用水平褥式缝合、剪除松弛的疝囊皮肤后常规闭合皮肤切口。术后控制病兔采食量，防止便秘，减少运动。

兔腹壁较薄，手术时一定要用镊子提起皮肤后再切开，否则容易切破疝囊中的脏器。

二十四、缺毛症

缺毛症是指兔缺乏生长绒毛能力的一种遗传性疾病。

【病因】 有几种隐性基因都会阻止绒毛的生长，主要有 f、ps-1 和 ps-2 基因，其中以 f 基因最为常见，且对绒毛生长阻碍作用最大。

【临床症状与病理剖检变化】 病兔仅在头部、四肢和尾部有正常的被毛生长，而躯体部只长有稀疏的粗毛，缺乏绒毛（图 5-76）。同窝其他仔兔缺毛症的发病率也较高。

【类症鉴别】

与食毛癖的鉴别 食毛癖的脱毛处粗毛、绒毛均被啃掉。

【预防】 适时出栏，不宜留作种用。

图 5-76 缺毛症

二十五、白内障

白内障也称为晶状体混浊，是指晶状体及其囊膜发生混浊而引起视力障碍的一种眼病。

【病因】 先天性白内障与遗传有关，第 1 型由单个隐性基因 Cat-1 遗传的，兔出生时两侧眼的晶体后壁呈现轻微的混浊；第 2 型由基因 Cat-2 遗传的，具有 40%~60% 不完全显性的外显率，多为单侧眼发病。后天性白内障是因晶状体代谢紊乱或受炎性渗出物、毒素影响所致，一般见于老龄兔，或继发于角膜穿透伤、视网膜炎等。

【临床症状与病理剖检变化】 在角膜正常的情况下，可见瞳孔区出现云雾状或均匀一致的灰白色混浊（图 5-77），视力减退或丧失。有些后天性白内障常伴有角膜混浊，难以观察到混浊的晶状体。

图 5-77 角膜正常，瞳孔区内有淡云雾状混浊

【预防】 对患遗传性白内障兔，让其采食干草有利于缓解病情的发展，所以忌喂含水分多的饲料。适时淘汰。患病的兔不留作种兔。

二十六、低垂耳

低垂耳是指耳朵从基部垂向前外侧的一种遗传性疾病。

【病因】 多发生在某些近交系品种中，被认为是一个以上基因调控的。

【临床症状与病理剖检变化】 病兔耳朵大小正常，并没有受到不正常的外界因素的影响，但是耳朵从基部垂向前外侧（图5-78）。

【预防】 淘汰兔群中有低垂耳表现的个体。避免近亲繁殖。

图 5-78　耳朵从基部垂向前外侧

二十七、牛眼

本病又称为水眼，或先天性幼兔青光眼。是兔中较常见的遗传性疾病之一。

【病因】 可能是一种常染色体隐性遗传。兔饲料中缺乏维生素A时易发。

【临床症状与病理剖检变化】 5月龄左右兔易发，单侧或双侧发生。病兔眼前房增大，角膜清晰或轻微混浊，随后失去光泽，逐渐混浊，结膜发炎，眼球凸出和增大像牛眼一样（图5-79）。

【预防】 供给富含维生素A的饲料；病兔不留作种用；适时淘汰。

图 5-79　病兔眼大而凸出，似牛眼

二十八、黄脂

黄脂是指体内脂肪呈黄色的病理变化，其发生与遗传及食入某些富含黄色素的饲料（如黄玉米、胡萝卜素等）有关。黄脂对肉质外观和加工特性有一定的影响。

【病因】 黄脂是一种隐性遗传性疾病。发生黄色纯合子隐性基因（y/y）的兔，肝脏中缺乏一种叶黄素代谢所必需的酶，因此日粮中胡萝卜类色素群在体内不断贮藏，造成黄脂。

【临床症状与病理剖检变化】 生前无临床症状，一般在剖检时才被发现。对黄脂纯合子兔，脂肪的颜色因饲料中胡萝卜类色素群含量不同而不同，可从浅黄色到橘黄色（图5-80和图5-81）。

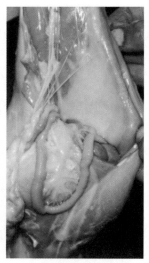

图 5-80　脂肪呈浅黄色　　　　　　　图 5-81　脂肪呈深黄色

【预防】其后代不能留作种用，应淘汰。

二十九、畸形

畸形是动物在胚胎发育过程中受到某些致病因素的作用而产生的形态结构异常的个体。

【病因】引起畸形的原因除了有遗传基因突变外，环境污染、病毒、营养缺乏、药物等也可引起。

【临床症状与病理剖检变化】畸形表现多种多样，较常见的有连体畸形、"象鼻"畸形、外生殖器畸形、泌尿系统畸形、无眼珠、乳房畸形、神经系统畸形和内脏器官的缺失（如胆囊异常大、缺失、无蚓突等）（图 5-82~图 5-89）。

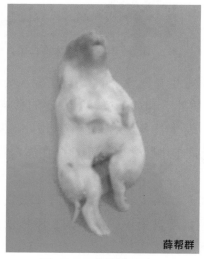

薛帮群

图 5-82　连体胎儿畸形

图 5-83　"象鼻"畸形

图 5-84 外生殖器畸形

（外生殖器形似公兔，但无睾丸，腹腔内也无卵巢）

图 5-85 无眼珠

图 5-86 一只兔镶嵌在另一
只兔体内

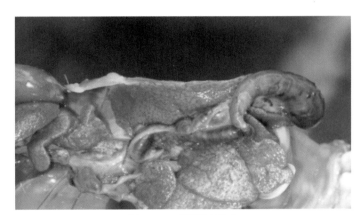

图 5-87 胆囊异常大

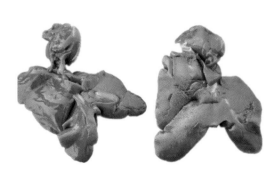

图 5-88 胆囊缺失

（左侧为正常肝脏，右侧肝脏无胆囊）

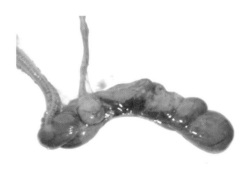

薛帮群

图 5-89 盲肠无蚓突

【预防】

1）防止近亲繁殖。认真检查母兔健康状况，发现疾病时要等治愈后才能配种。

2）妊娠母兔谨慎用药。

3）按照国家相关标准使用药物，严禁使用违禁药物。

对病兔适时淘汰。

第六章　中毒性疾病的鉴别诊断与防治

中毒性疾病是指由于各种有毒物质通过各种途径进入机体而引起的兔生理机能失调和出现一系列病理改变的一类疾病。兔群一旦发生中毒性疾病，往往会造成大范围发病，经济损失严重，为此，做好兔群中毒性疾病的防治工作具有重要的意义。

第一节　中毒性疾病的发生因素、中毒机理及发病特点

了解中毒性疾病的发生因素、机理和特点，对临床诊断、治疗意义重大。

一、疾病的发生因素

引起兔中毒性疾病的因素有自然因素和人为因素两大方面。具体可分为以下因素。

（1）有毒植物　采集、收获饲草时将有毒植物混入兔饲料中，引起兔中毒，如毒芹等。

（2）无机元素　由于无机元素在土壤或者饮水中浓度过高，被植物吸收再被兔采食引起群发性疾病，成为地方病。

（3）工业污染　指工厂的含毒废气、废水与废渣污染局部地区的牧草与水源，如氟及氟化物中毒等。

（4）农药、除草剂的污染　有机氟、有机磷杀虫剂等此类农药主要用作农作物杀虫剂和治疗动物的外寄生虫病。除草剂使用广泛，对动物毒性大。如果兔采食了刚喷洒过农药、除草剂的植物，或饲料源被农药或除草剂污染或治疗外寄生虫病时用药不当，均可引起兔中毒。

（5）灭鼠药中毒　灭鼠药毒性大，兔场灭鼠时，因管理不当，兔误食后可引起急性死亡，如敌鼠钠等。

（6）药物使用不当　治疗疾病时，因药物选择不当、给药方法错误或药物过量、长时间的用药等均可引起中毒，如马杜拉霉素、土霉素、阿莫西林等中毒。

（7）饲料问题　含有抗营养因子、有毒物质的饲料或贮存过程中发霉引发兔中毒，目前在兔业生产中霉变饲料引起的中毒事件频频发生，危害严重。

（8）**人为因素**　虽然属于偶然事件，但也应在注意的范围之内。

二、中毒机理

毒物进入兔机体后，通过吸收、分布、代谢和排泄，从而损害机体的组织及生理机能，发生中毒现象。中毒机理主要有：

1）局部的刺激作用和腐蚀作用，这主要是化学作用的直接伤害。

2）阻止氧的吸收、转化和利用，造成机体缺氧。

3）抑制酶系统的活性。

4）对亚细胞的作用。

5）放射性物质的毒理作用，主要是由于放射性物质的电离作用所产生的自由基团从而引起致毒。

三、发病特点

（1）**群发性**　多数中毒病是由于饲料有毒成分或用药不当等所致，因此中毒病的发生一般呈现群体发生的特点。

（2）**突发性**　除一些因素引起慢性中毒表现外，多数中毒病表现为突然发生、发病急和死亡快等特点。一般情况下采食量大的兔，发病急，病症严重，这主要与进入机体毒素多少有关。

（3）**相似的临床表现**　除个别中毒性疾病有特征性症状外，多数中毒性疾病表现相似的临床表现，如消化系统的病症多表现为腹泻、便秘、臌气等；神经症状多为兴奋或抑制，肌肉痉挛或震颤，视觉和听觉减弱或丧失等。

第二节　中毒性疾病的诊断思路及鉴别诊断要点

一、诊断思路

中毒性疾病的诊断要求迅速、准确，以便采取有效的防控措施，达到控制疾病、减少损失的目的。诊断思路包括以下几个方面。

（1）**病史调查**　发生疾病后立即对兔群发病情况、饲料（包括原料种类、来源、配方和添加剂种类等）、周边环境、近期用药情况（药物种类、给药途径、剂量和用药时间长短等）、兔发病年龄、生理阶段等进行分析。

（2）**临床症状**　对发病兔临床症状进行仔细观察，并进行记录、拍照。

（3）**病理学检查**　通过对死亡兔或病兔进行剖检，对各个系统、器官进行依次仔细观察、记录并拍照。记录要全面、客观，不能遗漏。

（4）**毒物检测分析**　采集饲料、排泄物（粪、尿、血液）及体内脏器等，对毒物进行定性、定量检验分析。

（5）**动物试验**　用可疑有毒物质或材料经必要的处理后进行人工中毒试验，以证明其是否能够产生与中毒病例相同的症状和病理变化。

（6）**解毒药的验证**　使用特效解毒药进行治疗性验证。

二、鉴别诊断要点

中毒性疾病的诊断比较复杂，尤其是慢性中毒。诊断时，必须从临床症状、剖检变化、毒物检测和动物试验等方面进行综合分析，特别要仔细调查兔所吃的饲料、使用的药物和可能接触的毒物。中毒性疾病的鉴别诊断要点见表 6-1。

表 6-1　中毒性疾病的鉴别诊断要点

中毒种类	病因	发病特点	临床症状	剖检变化
真菌毒素中毒	采食霉变的饲料，常见的有草粉、玉米等霉变	全群兔发病，幼兔、采食量大的兔病情严重	口唇、皮肤发紫，黏膜黄染。粪便软稀、恶臭，呈酱油色。呼吸急促，尿带红色或混浊。母兔不孕，妊娠兔流产、死产	肺充血、出血，有的表面有霉菌结节。肝脏肿大、质脆、呈浅黄色，有出血点。胃黏膜易脱落，胃肠黏膜充血、出血
食盐中毒	食盐过量	全群性发病，哺乳母兔病情严重	不安、头震颤、步样蹒跚等神经症状，结膜潮红，口渴。粪便不成形	出血性胃肠炎，胸腺、肺出血。嗜酸性粒细胞性脑炎
棉籽饼中毒	长期饲喂含棉酚及其衍生物等有毒物质的棉籽饼而引起	各品种、年龄兔均可发病	胃肠功能紊乱，食欲废绝，先便秘后腹泻，粪便中常混有黏液或血液。尿频，有时排尿带痛，尿液呈红色。若妊娠兔中毒，死胎增加	胃肠道呈出血性炎症。肾脏肿大、水肿，皮质有点状出血，肺瘀血、水肿。胎儿四肢、腹部为青褐色。有的盲肠秘结
菜籽饼中毒	长期饲喂不经去毒处理的菜籽饼，即可引起中毒	各品种、年龄兔均可发病	呼吸加快，精神委顿，黏膜发绀，肚腹胀满，有轻微的腹痛表现，继而出现腹泻，粪便中带血	胃黏膜充血，有点状或小片状出血。肾脏、肝脏等实质脏器肿胀、质地变脆
马铃薯中毒	大量采食发芽或腐烂的马铃薯后，极易引起中毒	各品种、年龄兔均可发病	消化功能紊乱，轻度腹痛，腹泻，结膜潮红或发绀。四肢、阴囊、乳房、头颈部出现疹块。后期出现进行性麻痹	胃肠黏膜充血、出血，上皮细胞脱落。肝脏、脾脏肿大、瘀血。有时见有肾炎病变
有毒植物中毒	有采食有毒植物的病史	全群性发病	常见低头、流涎、腹胀、腹痛、腹泻、抽搐、麻痹和呼吸困难等症状	毒物不同，病变各异
阿维菌素中毒	主要因剂量计算错误和盲目增大剂量造成中毒	不同品种、年龄的兔均可发病	病兔精神沉郁，步态不稳，食欲不振，多数拒食，最后瘫痪，在昏迷中死亡	剖检可见肺、肠浆膜等出血，腹腔积液，实质器官变性，脾脏肿大

（续）

中毒种类	病因	发病特点	临床症状	剖检变化
硝酸盐和亚硝酸盐中毒	采食堆积发热的青饲料、蔬菜或饲料中硝酸盐含量过高而引起发病	各品种、年龄兔均可发病	呼吸困难，口流白沫，磨牙，腹痛，可视黏膜发绀，迅速死亡	剖检可见内脏器官晦暗，血液呈酱油色、不凝固
氢氰酸中毒	采食了高粱、玉米等幼苗或再生苗，或食入被氰化物污染的饲料或饮水	发病急，各品种、年龄兔均可发病	兴奋不安，流涎，呕吐，腹痛，胀气和腹泻等。行走摇摆，呼吸困难，结膜鲜红，瞳孔散大。最后心力衰竭，倒地抽搐而死	剖检可见血液鲜红、凝固不良；尸体鲜红，不易腐烂；胃内容物有苦杏仁气味；胃肠黏膜充血、出血，肺充血、水肿
有机磷农药中毒	因误食被有机磷农药污染的草、料或外用时用药不当而中毒	各品种、年龄兔均可发病	瞳孔缩小，流涎，肌肉震颤	胃、肠黏膜明显充血、出血、肿胀，易脱落
马杜拉霉素中毒	有饲料中添加马杜拉霉素用于球虫病预防或治疗史	各年龄的兔均可发病	做"翻跟头"动作，流涎，嘴唇、口角、耳、四肢发紫，鼻尖发黑，嗜睡，共济失调	心包腔、腹腔积液，胃黏膜脱落，肝脏瘀血、肿大，肾脏变性、色红
敌鼠中毒	误食了被敌鼠污染的饲料、饮水而引起	各品种、年龄兔均可发病	精神不振，不食，呕吐，出现出血性素质，如鼻、齿龈出血，血便、血尿。伴有关节肿大，跛行，腹痛。后期呼吸高度困难，黏膜发绀。窒息死亡	剖检可见全身组织器官明显瘀血、出血和渗出。体腔有液体渗出，血液凝固不良
氟乙酰胺中毒	有误食被敌鼠与敌鼠钠盐污染的饲料和饮水史	各品种、年龄的兔均可发病	精神不振，不食，呕吐，出现出血性素质，如鼻、齿龈出血等，关节肿大，跛行，腹痛，呼吸极度困难，黏膜发绀，窒息死亡	全身组织器官瘀血、出血和渗出，故色暗红、有出血点。体腔有液体渗出，血液凝固不良
阿莫西林中毒	有在饲料中或饮水中添加阿莫西林治疗其他疾病史	各种年龄的兔均可发病，采食量大的发病急	拒食，精神不振，卧地不起，腹泻，粪便为黑褐色，多数以死亡告终	胃黏膜脱落，有出血斑点和溃疡斑点；胃内容物呈液体状。盲肠、结肠浆膜有弥漫性充血、出血。有的盲肠内充满血样内容物

第三节　常见疾病的鉴别诊断与防治

一、真菌毒素中毒

真菌毒素中毒是由真菌在饲料上生长繁殖并产生毒素代谢产物，并使采食这种饲料的兔发病。这种病是目前危害养兔业的主要疾病之一。其中以草粉、玉米等霉变极为常见。

【病因】　自然环境中，许多霉菌寄生于含淀粉的粮食、糠麸、粗饲料上，如果温度（10~24℃）和湿度（80%~100%）适宜，就会大量生长繁殖，有些会产生毒素，兔采食即可引起中毒。常见的有黄曲霉毒素中毒、赤霉菌病中毒等。黄曲霉毒素是由黄曲霉、寄生曲霉、桔青霉等真菌所产生的一类有毒代谢产物。黄曲霉毒素含有 18 种毒素，其中以 B_1 为主，产量最大，毒性最大，其对兔经口致死量为 0.3~0.5 毫克/千克。赤霉菌主要侵染小麦、大麦、玉米、甘薯、稻谷等，在其上繁殖时产生一种具有致吐作用的赤霉病赤毒素和具有雌性激素作用的赤霉烯酮，兔采食含有上述毒素的饲料后常引起中毒。此外还有甘薯黑斑病中毒。

【临床症状与病理剖检变化】

1. 黄曲霉毒素中毒

（1）急性中毒　大量饲喂时常发生急性中毒。一般各种年龄的兔均可发病死亡（图 6-1）。病兔精神沉郁，食欲减退，消化紊乱，便秘后腹泻，粪便带黏液或血液（图 6-2 和图 6-3），口角流涎，口唇皮肤发绀。呼吸急促，出现神经症状，后肢软瘫，全身麻痹。母兔不孕，妊娠兔发生流产、死产。

图 6-1　各种年龄发病死亡的兔

图 6-2　腹泻

图 6-3　黏液粪便

剖检：见肺充血、出血，局部呈肝样病变（图 6-4）。腹腔内有纤维蛋白析出（图 6-5）。胃、肠道有大量的气体，胃黏膜脱落、菲薄，肠腔内有带泡白色黏液（图 6-6 和图 6-7）。肝脏急性损伤，肝细胞变性、出血和坏死。肾脏、脾脏肿大、瘀血、出血、坏死（图 6-8）。有的病例盲肠积有大量硬粪，肠壁菲薄，有的浆膜有出血斑点。

图 6-4　肺充血、出血、坏死

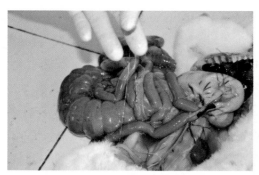

图6-5　腹腔内有纤维蛋白析出

图6-6　胃、肠道有大量的气体，
胃、盲肠壁菲薄

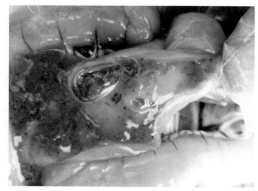

图6-7　肠黏膜脱落，肠腔内容物
混有白色黏液

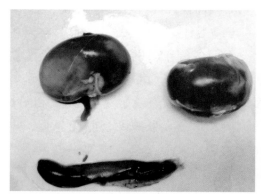

图6-8　肾脏、脾脏肿大、瘀血、出血、坏死

（2）慢性中毒　少量而长期饲喂时发生慢性中毒，较为多见，症状不明显，常不易发觉。病兔食欲日益减退，消瘦，精神委顿，昏睡，全身无力，喜卧，黄疸（图6-9和图6-10）。先便秘后腹泻。发情母兔不受孕，孕兔流产、死胎，公兔不配种。最后消瘦衰竭而死亡。

图6-9　患兔衰弱无力

图6-10　患兔眼结膜黄染

剖检：肝脏呈浅黄色，硬度增加并可见大小不一、白色、点状坏死灶（图6-11

和图 6-12）。腹腔内有浅黄色积液。胆囊扩张，囊壁变硬、变厚，胆汁黏稠。肾脏呈浅黄色，膀胱积尿，尿液颜色较深，膀胱壁增厚、有出血点（图 6-13 和图 6-14）。胃浆膜充血、出血，胃黏膜肿胀、充血、出血及浅表性糜烂和深层溃疡，肠腔内容物黏稠、色黄并混有气泡。腹水增多，带有透明的胶冻样蛋白析出（图 6-15），肠系膜淋巴结肿大。

图 6-11　肝脏上有针尖大的结节病灶

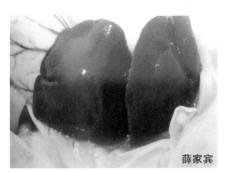

图 6-12　肝脏硬度增加

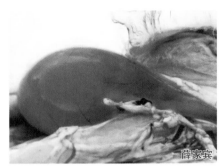

图 6-13　尿黄、混浊、浓稠

图 6-14　膀胱黏膜有充血、出血

图 6-15　腹水增多，有胶冻样蛋白析出

2. 赤霉菌病中毒

病兔食欲减退，失重、贫血，眼睑、口腔黏膜发紫，被毛粗乱易脱落，初期粪便变性并带有黏液，后期腹泻并呈酱色（图 6-16）。母兔胎儿吸收。

剖检：初期肝脏稍肿大，并有散在性出血点，后期萎缩、质硬，呈浅黄色，胆囊肿大，胆汁浓稠（图 6-17）。心脏、肾脏有散在性出血点，胃内容物较多，黏膜脱落或溃疡、有出血。肠道黏膜出血，脂肪发黄。母兔生殖道发育肥大。

【预防】

1）禁喂霉变饲料是预防本病的重要措施。在饲料的收集、采购、加工、保管等环节中严禁霉变饲料进入下一个饲料加工、利用程序。

2）饲料中添加防霉制剂（如 0.1% 丙酸钠或 0.2% 丙酸钙）对霉菌有一定的抑制作用。

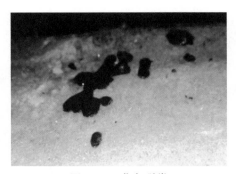

图 6-16　酱色稀粪

图 6-17　肝脏呈浅黄色，胆囊肿大，胆汁浓稠

3）饲料中添加脱霉剂。

【临床用药指南】本病目前尚无特效药。发现病兔时，必须立即停喂发霉饲料，饥饿 1 天，然后改为新鲜安全饲料，同时采取对症治疗。

［方 1］每只兔用 0.1% 高锰酸钾溶液或 2% 碳酸氢钠溶液洗胃、灌肠，然后灌服 5% 硫酸钠溶液 50 毫升或人工盐 2~3 克；或稀糖水 50 毫升，外加维生素 C 2 毫升。

［方 2］制霉菌素：每只病兔喂 3 万 ~4 万单位，每天 2 次。

［方 3］每只兔皮下分点或腹腔注射 10% 葡萄糖 20~30 毫升。

［方 4］每天兔用 10% 葡萄糖 50 毫升，维生素 C 2 毫升，静脉注射，每天 1~2 次。

［方 5］每天兔用氯化胆碱 70 毫升、维生素 B_{12} 5 毫克、维生素 E 10 毫克，1 次口服。

［方 6］将大蒜捣烂喂服，每只兔每次 2 克，每天 2 次。

［方 7］赤霉菌病中毒者，立即停止饲喂发霉饲料，每只病兔用 10% 葡萄糖 10 毫升，加维生素 C 2 毫升，静脉注射，每天 1~2 次，连用 3~5 天，有一定的疗效。

二、食盐中毒

兔食盐中毒是食盐摄入体内过多而饮水不足所引起的中毒性疾病。

【病因】饲料中食盐添加过多或使用食盐含量过高鱼粉，饮水不足；有些地区饮用水含盐量较高，未经处理喂兔等，都可引起中毒。

【临床症状与病理剖检变化】病初食欲减退，精神沉郁，结膜潮红（图 6-18），口渴，腹泻成堆（图 6-19）。随后兴奋不安，头部震颤，步履蹒跚。严重的呈癫痫样痉挛，角弓反张，呼吸困难，牙关紧闭，卧地不起而死（图 6-20）。剖检可见出血性胃肠炎，胸腺出血，肺、脑膜充血、出血、水肿等病变（图 6-21~ 图 6-24）；

图 6-18　病兔不安，站立不稳，结膜充血、潮红

组织上见嗜酸性粒细胞性脑炎。

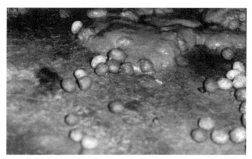

图 6-19　粪便性质未变、但不成形

图 6-20　神经症状，卧地不起

图 6-21　胃黏膜脱落

图 6-22　胃黏膜充血、出血、糜烂

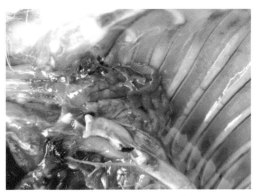

图 6-23　胸腺有出血点

图 6-24　肺充血、出血、水肿

【预防】　严格掌握饲料中食盐添加剂量，使用鱼粉时必须将其中含盐量计算在内，供给充足、清洁饮水。

【临床用药指南】　根据症状，采取镇静、补液、强心等措施。

[方 1]　供给充足、清洁饮水的同时，内服油类泻剂 5~10 毫升。

[方 2]　双氢克尿噻：0.5 毫克 / 千克体重，内服。

[方 3]　已发生胃肠炎时，用鞣蛋白等保护胃肠黏膜。

三、棉籽饼中毒

棉籽饼中毒是因大量使用棉籽饼作为蛋白质饲料长期饲喂兔而引起的一种中毒性疾病。

【病因】 棉籽饼因价格低廉常作为兔饲料中蛋白质辅助来源之一。但棉籽饼中含有有毒物质棉酚及其衍生物，若长期过量喂给兔，即可引起兔中毒。

【临床症状与病理剖检变化】 病初精神沉郁，食欲减退，有轻度的震颤。继而出现明显的胃肠功能紊乱，病兔食欲废绝，先便秘后腹泻，粪便中常混有黏液或血液。体温正常或略升高。脉搏疾速，呼吸急促，尿频，有时排尿带痛，尿液呈红色。引起妊娠母兔死胎，死胎的形状、发育均正常，但胎儿的肢、腹部均为青褐色。妊娠兔虽然未死亡，但食欲减退，精神不振，盲肠秘结，最后因消瘦和肝脏受损而死亡。

剖检可见胃肠道呈出血性炎症。肾脏肿大、水肿，皮质有点状出血。肺瘀血、水肿。

【预防】

（1）**控制添加比例** 一般生长兔饲料中棉籽饼的含量不超过 3%，使用低棉酚的棉籽饼。建议种兔避免使用棉籽饼作为蛋白质来源。

（2）**降低毒物含量** 按重量比向棉籽饼内加入 10% 大麦粉或面粉后，掺水煮沸 1 小时，可使游离棉酚变为结合状态而失去毒性。或在含有棉籽饼的饲料中，加入适量的碳酸钙或硫酸亚铁，可在胃内减毒。

【临床用药指南】 发现中毒立即停喂棉籽饼。急性者内服盐类泻剂清肠，之后根据病情对症处理，如补液、强心以维护全身机能。

［方1］ 可用 10% 葡萄糖和维生素 C 2 毫升（100 毫克）静脉注射。

［方2］ 中药方剂：茵陈 30 克、茯苓 15 克、泽泻 15 克、当归 10 克、白芍 10 克、甘草 10 克，水煎后分两次灌服，有一定的效果。

补充维生素 A 或胡萝卜，补充钙和铁，配合青绿饲料等可以提高疗效。

四、菜籽饼中毒

菜籽饼中毒是因大量使用菜籽饼作为蛋白质饲料长期饲喂兔而引起的一种中毒性疾病。

【病因】 菜籽饼是油菜籽榨油后剩余的副产品，富含蛋白质（32%~39%），价格低廉。菜籽饼中含有芥子苷、芥子酸等成分。芥子苷在芥子酶的作用下，经水解形成噁烷硫酮、异硫氰酸盐等毒性很强的物质，这些物质对胃肠黏膜具有较强的刺激和损害作用，若长期饲喂不经去毒处理的菜籽饼，即可引起中毒。

【临床症状与病理剖检变化】 病兔呼吸加快，精神委顿，被毛粗乱，黏膜发绀，肚腹胀满，有轻微的腹痛表现，继而出现腹泻，粪便中带血。严重的口流白沫，瞳孔散大，四肢末梢部发凉，全身无力，站立不稳。妊娠兔可能发生流产。病兔因虚脱而死亡。

剖检可见胃肠黏膜充血，有点状或小片状出血。肾脏、肝脏等实质脏器肿胀、质地变脆。

【预防】

（1）**控制使用量** 生长兔添加比例控制在 3%~5%。繁殖种兔禁用。

（2）**去毒处理** 饲喂前，对菜籽饼要进行去毒处理。去毒方法如下：

［**方1**］ 坑埋法：将菜籽饼用土埋入容积约 1 米³ 的土坑内，经放置 2 个月后，据测定约可去毒 99.8%。

［**方2**］ 浸泡煮沸法：即将菜籽饼粉碎后用热水浸泡 12~24 小时，弃掉浸泡液，再加水煮沸 1~2 小时，使毒素蒸发掉以达到减毒的目的。

【**临床用药指南**】 无特效解毒药。发现中毒后，立即停喂菜籽饼，灌服 0.1% 高锰酸钾溶液。根据病兔的表现，可实施对症治疗，应着重于保肝，维护心脏、肾脏机能；在用药过程中，可配伍维生素 C 制剂。参考棉籽饼中毒治疗用的中药方剂，也有一定的效果。

五、马铃薯中毒

马铃薯中毒是因兔食入大量发芽的马铃薯而引起的一种中毒病。

【**病因**】 马铃薯含有马铃薯毒素，又称为龙葵素，幼芽中含量最多（0.5%），其次是绿叶中（0.25%）。发芽的或腐烂的马铃薯，以及由开花到结有绿果的茎叶含毒量最多，兔大量采食后，极易引起中毒。

【**临床症状与病理剖检变化**】 病兔精神沉郁，结膜潮红或发绀。消化机能紊乱，拒食，流涎，有轻度腹痛，腹泻，粪便中常混有血液，有时出现腹胀。在四肢、阴囊、乳房、头颈部出现疹块。后期可能出现进行性麻痹，呈现站立不稳、步态摇晃等神经症状。

剖检可见胃肠黏膜充血、出血，上皮细胞脱落。肝脏、脾脏肿大、瘀血。有时见有肾炎病变。

【**预防**】 用马铃薯做饲料时，喂量不宜过多，应逐渐增加喂量；不宜饲喂发芽或腐烂的马铃薯，如要利用，则应除去幼芽，煮熟后再喂。煮过马铃薯的水，内含大量的龙葵素，不应混入饲料内。

【**临床用药指南**】 立即停喂马铃薯类饲料。对中毒兔先服盐类或油类泻剂，之后根据病情，采取适当的对症治疗措施。

六、有毒植物中毒

有毒植物中毒是指兔食入某些有毒植物而引起的具有中毒表现的一类疾病。

【**病因**】 能引起兔中毒的植物主要有：阔叶乳草、毒芹、三叶草、蓖麻、曼陀罗、毛茛、夹竹桃、苍耳、秋水仙等（图 6-25~图 6-31）。收割牧草时不注意，在牧草中混进有毒的草或其他植物也可以导致兔误食中毒。能引起兔中

图 6-25 毒芹

毒的植物化学成分有生物碱、氢氰酸、苷类（氰苷、硫氰苷、强心苷和皂苷等）、植物蛋白、感光物质、草酸、挥发油和鞣质等。

图 6-26　三叶草　　　　　　　　图 6-27　蓖麻

图 6-28　曼陀罗　　　　　　　　图 6-29　夹竹桃

图 6-30　苍耳　　　　　　　　图 6-31　秋水仙

【临床症状与病理剖检变化】　一般来说，植物中毒的临床症状为低头、流涎，全身肌肉不同程度地松软或麻痹，体温下降，排出柏油状粪便。植物种类不同，中毒的症状和病变不完全相同。

毒芹中毒：腹部膨大，痉挛（先由头部开始，逐渐波及全身），脉搏增速，呼吸困难。曼陀罗中毒：初期兴奋，后期变为抑郁，痉挛及麻痹。三叶草中毒：影响排卵和受精卵在子宫内植入，引起不孕，这可能与三叶草中雌激素的含量很高有一定的关系。蓖麻中毒：主要病变为出血性胃肠炎和各实质脏器变性和坏死，肝脏出血、变性、易碎，脑质出血，神经细胞变性，毛细血管高度扩张。毛茛中毒：流涎、呼吸缓慢、血尿及腹泻。夹竹桃中毒：心律失常和出血性胃肠炎等。苍耳中毒：食欲减退，腹泻、腹痛，结膜充血等。秋水仙中毒：表现为恶心、腹泻、腹痛、胃肠反应等。

【预防】　了解当地存在的有毒植物种类，提高饲养管理人员识别有毒植物的能力。加强饲养管理，对于饲草中不认识的草类或怀疑有毒的植物要彻底清除。

【临床用药指南】　怀疑有毒植物中毒时，必须立即停喂可疑饲草；对发病的兔，可内服1%鞣酸液或活性炭，并给以盐类泻剂，清除胃肠内毒物。根据病兔症状可采取补液、强心、镇痉等措施。

七、阿维菌素中毒

阿维菌素是阿佛曼链球菌的天然发酵产物，是一种高效广谱抗寄生虫药物，是目前预防和治疗兔螨病等疾病的首选药物。

【病因】　剂量计算错误和盲目增大剂量是造成阿维菌素中毒的主要原因。

【临床症状与病理剖检变化】　当兔使用过量阿维菌素后，出现精神沉郁，步态不稳，食欲不振或拒食等症状（图6-32），最后瘫软，在昏迷中死亡。剖检可见肺、肠浆膜等出血，

图6-32　病兔精神沉郁，拒食

腹腔积液，实质器官变性，脾脏不同程度地肿大（图6-33～图6-36）。

图6-33　肺有出血斑点

图6-34　胃内充满食物，腹腔积液，
肾脏色黄，膀胱积尿

图 6-35　脾脏肿大

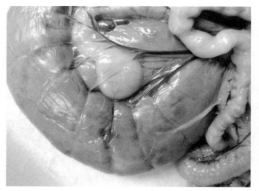

图 6-36　盲肠浆膜出血

【预防】　使用阿维菌素时，应准确称量兔的体重并严格按产品说明的使用剂量用药。

本病没有特效解毒药，可按补液、强心、利尿和兴奋肠蠕动的原则进行治疗。

八、硝酸盐和亚硝酸盐中毒

硝酸盐和亚硝酸盐中毒是一次性食入大量硝酸盐制剂引起的胃肠道炎症性疾病。

【病因】　主要原因是兔采食堆积发热的青饲料、蔬菜或饲料中硝酸盐含量过高而引起发病。亚硝酸盐中毒时植物中的硝酸盐在体内或体外形成亚硝酸盐，进入血液后使血红蛋白氧化为高铁血红蛋白而失去携氧能力，从而引起组织缺氧的一种中毒性疾病。其特征为黏膜发绀、呼吸困难，血液不凝、呈酱油色。

【临床症状与病理剖检变化】　急性：呼吸困难，口流白沫，磨牙，腹痛，可视黏膜发绀，迅速死亡。剖检可见内脏器官颜色晦暗，血液呈酱油色、不凝固（图 6-37）。慢性：生长缓慢，流产，不孕。

【预防】　蔬菜、青饲料要摊开，切勿堆积。防止硝酸盐与亚硝酸盐化合物混入饲料或被误食。

陈怀涛

图 6-37　内脏器官颜色晦暗，血液呈酱油色

【临床用药指南】　本病治疗越快越好，否则病兔会死亡。

迅速用 1% 美蓝溶液（美蓝 1 克溶于 10 毫升酒精中，加生理盐水 90 毫升），按 0.1~0.2 毫升 / 千克体重，静脉注射；或用 5% 甲苯胺蓝溶液，按 0.5 毫升 / 千克体重，静脉注射。同时用 5% 葡萄糖 10~20 毫升、维生素 C 1~2 毫升静脉注射，效果更好。

兔群普遍饮用绿豆甘草汤。绿豆甘草汤：绿豆 200 克、甘草 100 克、石膏 150 克，水煎后加白糖 150 克。

九、氢氰酸中毒

氢氰酸中毒是兔采食富含氰苷的植物，在体内水解生成氢氰酸，其氰离子可使细胞色素氧化酶失活，生物氧化中断，组织细胞不能从血液中摄取氧，致使血氧饱和而组织细胞氧缺乏。本病的特征为呼吸困难，黏膜潮红，血液鲜红、凝固不良，胃内容物有苦杏仁气味。

【病因】 采食了高粱、玉米、豆类、木薯的幼苗或再生苗，或桃、杏、李的叶及其核仁。食入被氰化物污染的饲料或饮水。

【临床症状与病理剖检变化】 发病急，病初兔兴奋不安，流涎，呕吐，腹痛，胀气和腹泻等。随之行走摇摆，呼吸困难，结膜鲜红，瞳孔散大。最后心力衰竭，倒地抽搐而死。剖检可见血液鲜红、凝固不良（图6-38）。尸僵不全，尸体鲜红，不易腐烂。胃内容物有苦杏仁气味。胃肠黏膜充血、出血，肺充血、水肿。

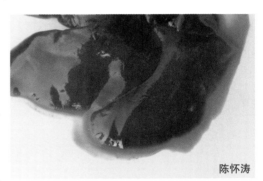

陈怀涛

图 6-38　血液颜色鲜红、稀薄、不易凝固，肝脏颜色较正常浅、呈浅黄红色

【预防】 防止兔采食含氰化物的饲料，尤其是高粱、玉米的幼苗或收割后根上的再生苗及木薯等。发现病兔及时治疗。

【临床用药指南】

［方1］ 1%亚硝酸钠，1毫升/千克体重，静脉注射，然后再用5%硫代硫酸钠，按3~5毫升/千克体重，静脉注射。

［方2］ 1%美蓝溶液，1毫升/千克体重，静脉注射后，再注射上述硫代硫酸钠。

十、有机磷农药中毒

有机磷农药中毒是由于有机化合物进入动物体内，抑制胆碱酯酶的活性，使乙酰胆碱大量增加，引起以流涎、腹泻和肌肉痉挛等为特征的中毒性疾病。

【病因】 有机磷农药包括敌百虫、敌敌畏、乐果、对硫磷（1605）、内吸磷（1059）、甲拌磷（3911）、二嗪农等。兔食入刚喷过这些农药的野草、青饲料，或用其治疗兔体外寄生虫时用药不当，均可引起中毒。

【临床症状与病理剖检变化】 病兔拒食，大量流涎，吐白沫，流泪，磨牙，肌肉震颤，兴奋不安，呼吸急促，呼出气有大蒜味。有的抽搐，后肢麻痹，口腔黏膜和眼结膜呈紫色，瞳孔缩小，视力减退，腹泻（图6-39），排血便（有大

图 6-39　水样腹泻

蒜味），昏迷，倒地而死。急性病例时仅表现为流涎和拉稀即死亡。剖检可见出血性胃肠炎（图6-40），浆液出血性肺炎和实质器官变性、肿大等（图6-41）。

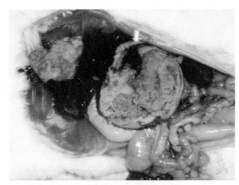

图6-40 胃黏膜脱落、出血，皮下水肿

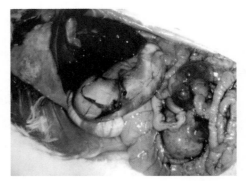

图6-41 肺充血、出血、水肿，肝脏变性、肿大，肠腔内有含气泡的黄红色稀薄内容物

【预防】 不要喂给刚喷洒过有机磷农药的青饲料。用敌百虫等农药治疗兔体外寄生虫时，要严格按说明使用，药量要准确。加强安全措施，以防人为投毒。

【临床用药指南】

[方1] 内服治疗：每只兔可灌服硫酸镁5~10克导泻，之后静脉注射4%解磷定1~2毫升，每2~3小时注射1次。同时肌内注射1%阿托品0.5~1毫升（若口服则为0.1~0.3毫克），隔0.5~1小时减半用药1次，以后视症状缓解情况，延长用药间隔时间或减少用药量。

[方2] 外用中毒的治疗：应及时清除体表残留药液，防止继续吸收，然后采用上述方法进行治疗。

十一、马杜拉霉素中毒

马杜拉霉素俗称加福、抗球王、抗球皇、杜球等，为聚醚类离子载体抗生素，主要用于家禽球虫病的预防和治疗，而不用于兔球虫病。错误使用该药，会导致中毒。

【病因】 错误使用马杜拉霉素用于预防、治疗兔球虫病，引起中毒。

【临床症状与病理剖检变化】 编者按推荐剂量饲喂兔后第5天就出现中毒表现，青年兔、泌乳母兔先发病，精神不振，食欲废绝，感觉迟钝，嗜睡，体温正常，排尿困难，粪便变小，四肢发软，嘴着地，似翻跟头动作（图6-42），数小时后死亡。若剂量稍大或搅拌不均匀，采食后24小时即出现以上症状，且迅速死亡。剖检可见心包腔与腹腔积液（图6-43和图6-44），胃黏膜脱

图6-42 嗜睡，头、嘴着地，似翻跟头动作

落（图6-45），肝脏瘀血、肿大，肾脏变性、色红等（图6-46）。

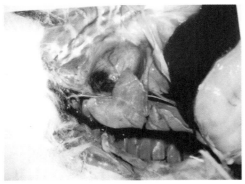

图 6-43　心包腔积液，胸腺有出血点

图 6-44　腹腔积液，肠袢有纤维蛋白附着，
肠腔内有浅黄色液状内容物

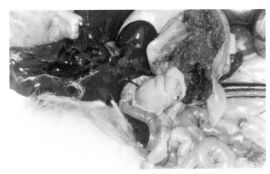

图 6-45　胃黏膜脱落

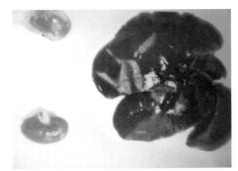

图 6-46　肝脏瘀血、肿大，有坏死灶；胆
囊胀大，充满胆汁；肾脏变性、色红

【预防】禁止使用马杜拉霉素用于预防兔球虫病。

【临床用药指南】目前马杜拉霉素中毒尚无特效药，发生本病时，立即停止饲喂含药饲料，换用新的饲料。同时采取以下措施。

[方1]　每只兔采用10%~25%葡萄糖10毫升、维生素C100毫克混合静脉注射，对于能饮水的病兔施以灌服或自由饮水。

[方2]　阿托品：每只0.5毫升，皮下注射，半小时1次，连用2~3次。

[方3]　若病兔昏迷，则每只兔用20%安钠咖2毫升，肌内注射。

十二、敌鼠中毒

敌鼠中毒是一种以全身出血和血管渗出为特征的中毒性疾病。敌鼠为一种灭鼠药，敌鼠及其钠盐进入兔体内后，干扰了肝脏对维生素K的利用，抑制凝血酶原及其凝血因子的合成，使血凝不良，出血不止，而且作用于毛细血管壁，使其通透性增高，脆性增加，易破裂出血。

【病因】兔误食了被敌鼠污染的饲料、饮水而引起中毒。在兔舍任意放置敌鼠毒饵灭鼠而未加强管理时也可造成兔误食而中毒。

【临床症状与病理剖检变化】病兔精神不振，不食，呕吐，出现出血性素质，如鼻或齿龈出血、血便血尿、皮肤紫癜等，伴有关节肿大，跛行，腹痛，后期呼吸高度困难，黏膜发绀，窒息死亡。剖检可见全身组织器官明显瘀血、出血和渗出，故色暗红、有出血点；体腔有液体渗出，血液凝固不良（图6-47~图6-51）。

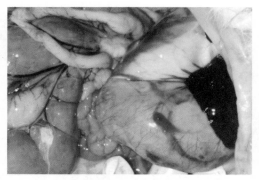

图 6-47　胃浆膜血管明显，有大片出血

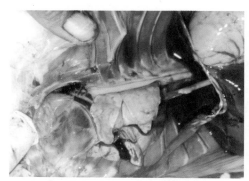

图 6-48　心包腔积液，血凝不良

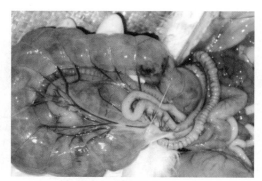

图 6-49　大肠浆膜瘀血，色暗红，有出血和纤维素渗出

图 6-50　小肠与直肠浆膜出血

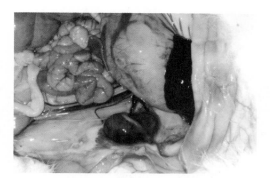

图 6-51　肾脏严重出血、呈暗红色，其他器官颜色也变暗

【预防】在兔舍放置敌鼠毒饵时要有防止兔误食的措施。加强饲料库、加工场所的管理，防止饲料被毒饵污染。

【临床用药指南】洗胃，灌服盐类泻药，肌内注射特效解毒药维生素 K_1 溶液，0.1~0.5毫克/千克体重，每天2~3次，连用5~7天。

注射药物时应选择小号针头，以免引起局部出血。

十三、氟乙酰胺中毒

氟乙酰胺又称为敌蚜胺，俗称"闻到死"，是一种常用灭鼠药，由于在动物体内可活化为氟乙酸，对心血管系统及中枢神经系统有损害作用，故引起动物中毒或死亡。

【病因】 兔误食氟乙酰胺毒饵或被其污染的饲料、饮水是中毒的主要原因。

【临床症状与病理剖检变化】 潜伏期0.5~2小时，病兔精神沉郁，嗜睡（图6-52），瞳孔散大，呼吸、心跳加快，大小便失禁，倒地抽搐死亡。剖检可见心包及胸腹腔有清亮的液体积聚，肝脏、肾脏等实质器官变性、肿大，肺表面有细小出血点和气肿等（图6-53~图6-56）。

张小丽　陈怀涛

图 6-52　病兔精神沉郁，嗜睡

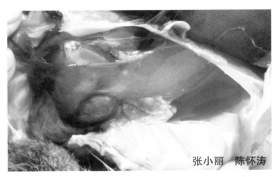

张小丽　陈怀涛

图 6-53　胸腔和心包腔有大量清亮的液体

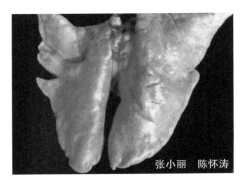

张小丽　陈怀涛

图 6-54　肺表面散在细小出血点，出血点周围常有肺泡气肿

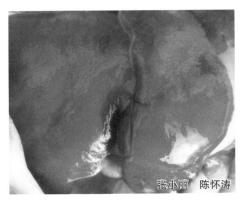

张小丽　陈怀涛

图 6-55　肝脏肿大、色黄、质脆

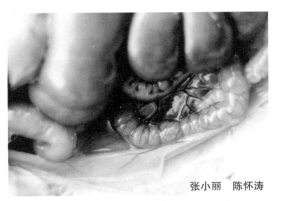

张小丽　陈怀涛

图 6-56　肠系膜和肠浆膜血管充血、怒张，腹腔有大量清亮的液体

【预防】 在兔舍放置毒饵时要有防止兔误食的措施。加强饲料库、加工场所的

管理，防止饲料被毒饵污染。

【临床用药指南】 肌内注射乙酰胺，20~50毫克/千克体重，每天2次，连续用药5~7天。

十四、阿莫西林中毒

阿莫西林中毒是在兔饲料中或饮水中添加阿莫西林通过口服导致兔迅速腹泻、死亡的一种中毒性疾病。

【病因】 主要通过兔口服（即在饲料中或饮水中添加阿莫西林）所致。

【发病特点】 各种年龄的兔均可发病、死亡，采食量、饮水量大的兔发病急、死亡率高。

【临床症状与病理剖检变化】 一般饲喂当天兔食欲下降，随后拒食，精神沉郁，蹲卧在兔笼一角，有的卧地不起，腹泻，粪便为黑褐色，随后出现死亡（图6-57）。剖检可见肛门周围被稀粪便污染；胃黏膜脱落，有出血斑点和溃疡斑点，胃内容物呈液体状；肠道内充满血液样内容物，胆囊充盈（图6-58和图6-59）；盲肠、结肠浆膜有弥漫性充血、出血，结肠内充满透明样黏液（图6-60）。

图6-57 中毒死亡的各年龄段的兔

图6-58 胃黏膜脱落、出血、溃疡，
肠道内充满血样内容物

图6-59 胆囊充盈

图6-60 盲肠、结肠浆膜弥漫性充血、
出血，结肠内充满透明样黏液

【类症鉴别】

与魏氏梭菌病的鉴别　阿莫西林中毒与魏氏梭菌病引起的临床症状、剖检特征极为相似，但前者兔群发病时间比较一致，后者一般陆续发病。确诊需要做微生物和药物检测。

【预防】　禁止兔口服阿莫西林等药物来治疗兔疾病。

【临床用药指南】　若发生本病，可采取以下措施。

1）首先迅速停止饲喂或饮用加药的饲料、饮水。

2）增加饲料中的粗纤维饲料比例或加喂青干草。

3）在饮水中添加10%葡萄糖，每只兔肌内注射维生素C 50~100毫克。

4）治疗可试用消胆胺（考来烯胺）和甲硝唑。

参考文献

［1］王永坤，刘秀梵，符敖齐.兔病防治［M］.2版.上海：上海科学技术出版社，1990.

［2］任克良，陈怀涛.兔病诊疗原色图谱［M］.2版.北京：中国农业出版社，2014.

［3］任克良.兔病快速诊治实操图解［M］.北京：中国农业出版社，2018.

［4］任克良.兔场兽医师手册［M］.北京：金盾出版社，2008.

［5］谷子林，秦应和，任克良.中国养兔学［M］.北京：中国农业出版社，2013.

［6］任克良.兔病诊断与防治原色图谱［M］.2版.北京：金盾出版社，2012.

［7］程相朝，薛帮群，等.兔病类症鉴别诊断彩色图谱［M］.北京：中国农业出版社，2009.

［8］任克良.兔病诊治原色图谱［M］.北京：机械工业出版社，2017.

［9］王芳，范志宇，薛家宾.兔病图鉴［M］.北京：中国农业科学技术出版社，2019.

［10］任克良.现代獭兔养殖大全［M］.太原：山西科学技术出版社，2002.

［11］王云峰，王翠兰，崔尚金.家兔常见病诊断图谱［M］.2版.北京：中国农业出版社，2010.

［12］朱瑞良.兔病［M］.北京：中国农业出版社，2010.

［13］蒋金书.兔病学［M］.北京：中国农业大学出版社，1991.

［14］任克良.兔病诊治原色图谱［M］.北京：机械工业出版社，2017.